Patrocinio

Realização

A Cultura da Aventura na Natureza / organização Flavio
Lessa da Fonseca, Zolino; textos Flávio Lessa...[et al.] São Paulo, SP:
Ministério da Cultura. Instituto Peabiru, 2008. 240 p. (Peabiru, 1)

ISBN 978-85-62231-00-1

1. Esporte - Aventura - atividades radicais. 2. Ecoturismo - Origens e desenvolvimento. 3.Ecoturismo - Ações e Serviços. 4. Ecoturismo - Viagens. 5.Ecologia. 6. Meio ambiente - conservação ambiental. 7. Índios - Condições de vida. 8.Ecologia e esportes - equipamentos. I. Fonseca, Flávio Lessa de (org.).
II. Zolino, Sérgio (org.). III.Meirelles Filho, João. IV.Franco, Fernanda. V.Meneses, João Bezerra de.

CDD 390

A Cultura da Aventura na Natureza

A Cultura da Aventura na Natureza

Flavio Lessa da Fonseca
Sérgio Zolino

Em primeiro lugar, agradecemos ao Banco Paulista e à corretora SOCOPA por acreditarem na importância da presente obra, que se fez possível graças a seu apoio, por meio da Lei Federal de Incentivo à Cultura (Lei nº 8.313/91), conhecida como Lei Rouanet.

Para o Instituto Peabiru, organização não-governamental com dez anos completados em 2008 na incessante busca do que significa sustentabilidade, justiça social e cultura autêntica, o livro A Cultura da Aventura da Natureza representa um desafio.

Quando Flávio Lessa da Fonseca e Sérgio Zolino propuseram a obra, e à medida que a construíram, recebendo a colaboração da historiadora Marlene Suano, do gestor ambiental João Manoel Bezerra de Meneses, do jornalista Rodrigo Gerhardt, entre tantos outros, ficou claro que a trilha a que nos propomos percorrer, mal se iniciou.

Aliás, a própria palavra "Peabiru" é uma provocação. Quando os portugueses chegaram à costa do Brasil, à altura do Paraná, cruzando o continente de leste a oeste pelo "caminho do Peabiru", percorrendo territórios que hoje estariam em cinco países – Brasil, Argentina, Paraguai, Bolívia e Peru – não imaginariam que o Peabiru anunciaria à Europa as riquezas do Novo Mundo.

Se em Guarani "Peabiru" quer dizer prata, dinheiro ou algo equivalente; em Quetchua, "Biru" é sinônimo de Peru; e em Tupi representa um caminho permanente, que de tão largo, seria "caminho com capim, com erva", "caminho forrado de folhas"; o mais importante é que os livros de historia, em sua grande maioria, ignoram a aventura do homem no continente americano antes da chegada dos mercenários europeus.

Poucas vezes nos damos conta que, antes da chegada do Cabral à terra onde "se plantando tudo dá", desenvolveu-se, por mais de 100 séculos, diversas culturas da floresta tropical. Assim, o Peabiru mereceria outra interpretação, menos literal e mais propositiva, tal qual a presente obra: a de que é possível percorrer outros caminhos (o da sustentabilidade, por exemplo); de que é possível escolher o futuro, e não entregá-lo a outrem para o definir.

Para nós, como ONG da sociodiversidade e ambientalista militante, os esportes de natureza e o ecoturismo se constituem na base da salvação do que nos resta de Amazônia, de Mata Atlântica, de Pantanal, de Cerrado, de Caatinga, de Manguezais etc. Por isso, também fazem parte de nossas vidas e da nossa história.

Em 1999, fomos a primeira ONG do Brasil a organizar uma equipe de corrida de aventura que levou seu nome, e a captar recursos específicos para este fim.

Com o apoio de Alexandre Freitas, organizamos a proposta do Projeto Amazôniapé, para percorrer a Amazônia de leste a oeste como uma expedição de aventura, que se não foi realizado, levou o Peabiru a mudar sua sede para a região e priorizá-la.

Em 2004, o Peabiru decide enveredar pela trilha dos negócios inclusivos de comunidades tradicionais, ou seja, promover a inclusão econômica e social por meio do ecoturismo, de sistemas agroflorestais e de produtos da floresta como o mel das abelhas nativas. Afinal, um terço da Amazônia sobrevive graças aos esforços pouco valorizados de mais de 2 milhões de caboclos (seringueiros, castanheiros, pescadores etc.), em 30 mil comunidades tradicionais.

Além disso, de maneira pioneira, o Peabiru planejou e implementou parques ecoturísticos em Bonito, MS, onde foi pioneiro em incluir centro de visitantes nos atrativos, contar com biólogo residente, e oferecer o apoio de um guarda-parque, além de introduzir a canoa canadense, cavalgadas estruturadas e mountain bike profissionais. O Peabiru também contribuiu para a implementação do Parque das Neblinas, para o Instituto Ecofuturo, do Grupo Suzano, em Bertioga, SP.

Este livro é a primeira obra editada pelo Peabiru e, de certa maneira, comemora os 10 anos e 110 projetos realizados em sete estados brasileiros, especialmente no Pará e São Paulo.

Acreditamos que esta obra possa inspirar ações individuais e coletivas, privadas e públicas, para que o tímido discurso da sustentabilidade alcance o dia-a-dia de governos, empresas e comunidades, introduzidos quem sabe, por nossos leitores....

Da mesma maneira, esperamos que os acordos de 50 anos que celebramos com comunidades tradicionais resultem em auto-estima, respeito, acesso a serviços públicos, renda e a garantia de que a floresta em pé, valha mais que um quilo de carne de boi ou um saco de soja.

Convidamos você a conhecer nossos projetos de ecoturismo e sustentabilidade em Belém, Curuçá e Monte Alegre, no Pará, em Macapá, no Amapá, e na Grande São Paulo. Nosso maior sonho, como aventureiros, trilheiros e peabirutas, é que o ecoturismo e os esportes de natureza sejam acessíveis a um número cada vez maior de pessoas, e que efetivamente representem inclusão social e natural, capaz de garantir a Amazônia e a Mata Atlântica para sempre.

João Meirelles Filho
Diretor Geral
Instituto Peabiru
www.peabiru.org.br

O mundo do mercado financeiro nos proporciona desafios diários! E são esses desafios que nos motivam e nos fazem crescer.

Acreditamos que a aventura na natureza é uma maneira fantástica do ser humano se desafiar, crescer e se desenvolver, conhecendo o que há de melhor no nosso planeta. Neste livro, esperamos poder compartilhar com você expedições de diversos aventureiros pelo nosso Brasil e pelo mundo afora. Que ele seja um convite a uma relação mais harmoniosa e bonita com a natureza.

Que ele nos lembre e reafirme a beleza e potencial de nosso país.

Esta parceria com o Instituto Peabiru nos trouxe um caminho para dizer para todos que o Banco Paulista acredita e aposta no Brasil!

Alvaro Augusto Vidigal
Banco Paulista

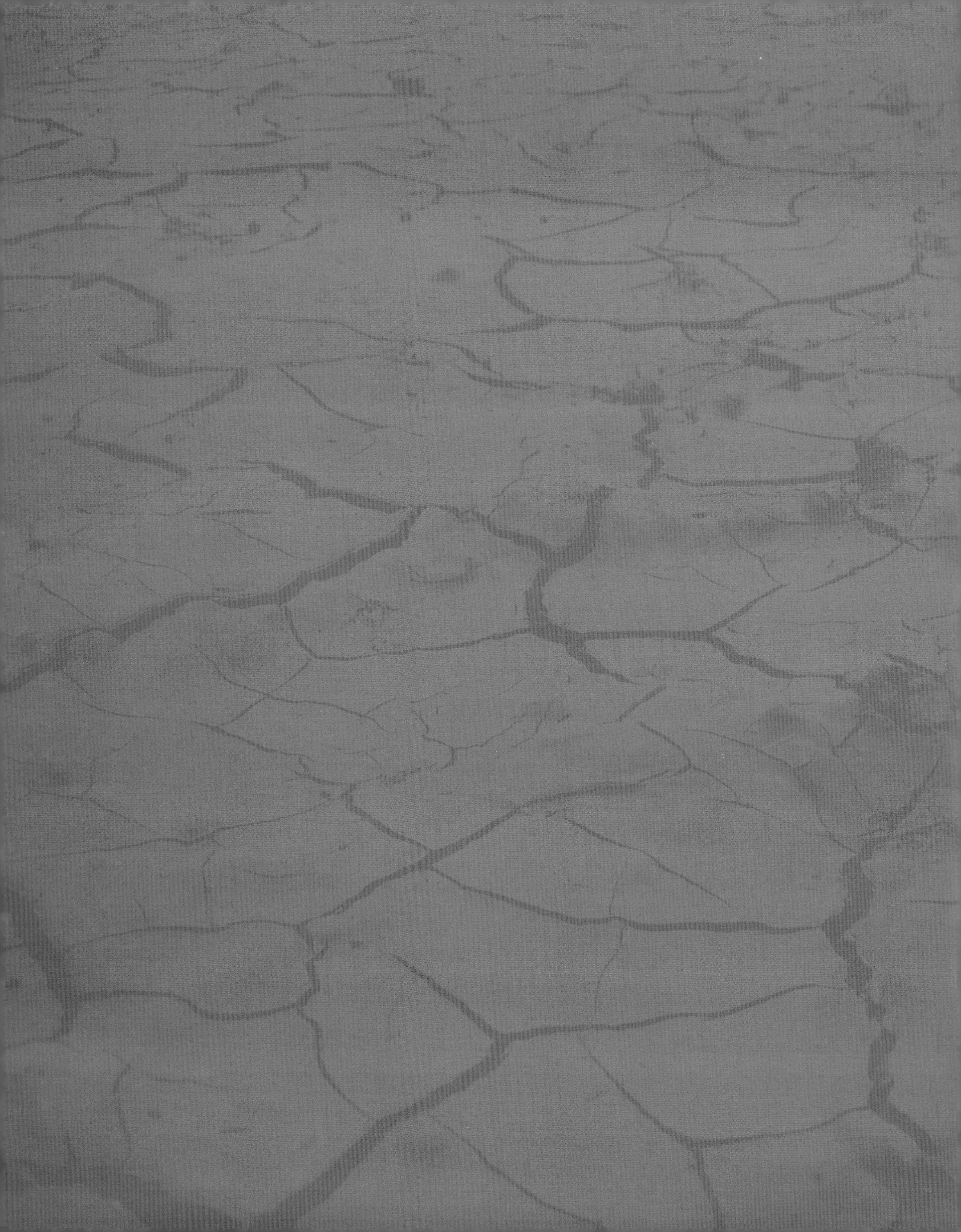

Este livro é dedicado a Alexandre Freitas,
pioneiro das corridas de aventura no Brasil

Dedico a
meus pais pelo que sou,
ao meu filho pelo seu amor,
e a minha fé em Deus.

Agradecimentos especiais para as pessoas que direta ou indiretamente contribuíram e acreditaram no sucesso deste livro:

Leonardo, Inah, Ricardo Pereira, Ivanise, Tia Stella, Jair Pires, Ricardo Maluf, Daniel Munduruku, Marlene Suano, Débora Nascimento, Rodrigo Gerhardt, Rita Mendonça, Marcio Bortolosso e Fernanda Lupo, Carol Ferrero, Edgar Werblowsky, Vito D'Alessio, Helane Maia, Denise Soares, Dú e Desirée Zuppani, Oswaldo Felippe Jr., Kelly Peres e Alexandre Madola, Danielle Klingelhoefer, Ana Paula Galdino, André e Adriana Campos, Andréa Zgouridi, Francisco Perez, Dogelo Mattos, Andréia Poli, Álvaro Alcântara, Dona Odete, Carolina Lessa, Luis Flavio Barison, Felipe Lessa, Roseli Rocha e Vitória.

Aos novos amigos do Instituto Butantan, Prof. Henrique Moises Canter, Francisco Luis Franco (Kiko), Suzana Fernandes e Giuseppe Puorto.

E a todos os fotógrafos, parceiros e colaboradores de imagens.

Flavio Lessa da Fonseca

Dedico esta obra à minha família querida: minha Cacau, que me acompanha nas aventuras da vida; aos meus dois filhotinhos, que faremos muitas aventuras juntos; aos meus irmãos, que me mostraram caminhos na vida; e aos meus pais, que me abençoaram com esta alegria de viver livremente pelo mundo afora.

Dedico também ao Vitão Negreti, o aventureiro mais próximo que conheci que chegou ao topo do mundo por algumas vezes e que realizou o maior sonho de sua vida.

Sérgio Zolino

Flavio Lessa da Fonseca e
João Manoel Bezerra de Meneses

Flavio Lessa da Fonseca

Flavio Lessa da Fonseca e João Meirelles Filho

Flavio Lessa da Fonseca e João Meirelles Filho

Sérgio Zolino e Fernanda Franco

Sérgio Zolino

Flavio Lessa da Fonseca

índice

:introdução

Quem não se viu de alma lavada ao sair de uma cachoeira? Quem não retornou de uma viagem por lugares ainda desconhecidos com planos de mudar de vida, mudar de trabalho, mudar o mundo? Quem não se deixou invadir pela alegria ao conquistar o topo de uma montanha ou ao chegar ao fim de uma difícil trilha? Quem não se surpreendeu com a simplicidade de um caboclo, a sabedoria de seus pensamentos diante de nossa vida tão complicada?

Mais que cumprir tarefas militares, demarcatórias e de pesquisa científica, ou seja, trabalho, a aventura, em suas múltiplas facetas, faz todo o sentido como uma proposta de lazer. Isto é tão ou mais importante em termos culturais, do que as atividades consideradas como trabalho, emprego. Aliás, a cultura confunde-se muitas vezes com o lazer, ou uma maneira de exercer o tempo do não-trabalho. Assim, tratar da cultura da aventura, da aventura na natureza é algo relevante e, porque não, prazeroso.

Este é o intuito desta obra: oferecer, além de belas fotos e um texto agradável, uma série de provocações. Por que nos distanciamos tanto da Natureza? Por que o atual estágio da cultura humana nos traz até aqui? Por que encontramos nos esportes de aventura na natureza e no ecoturismo a válvula de escape para as nossas vidas urbanizadas, cada vez mais artificiais, incompreensíveis e violentas?

Destarte, este livro faz parte do esforço do Instituto Peabiru em encontrar significado para o que seja sustentabilidade, sobre o que representa o contato do homem com a Natureza e, principalmente, que destino iremos dar aos últimos lugares onde o meio ambiente encontra-se razoavelmente conservado e onde há populações tradicionais maravilhosas como seus guardiões? Que tipo de gente somos ao tratarmos estas geografias como desafios – picos a subir, quilômetros a navegar, rios a cruzar? Quem são os aventureiros que aceitam descobrir seus limites e vontades?

Assim, caro leitor, convido-o a trilhar os capítulos que se seguem como um livro de reflexão. A história dos esportes de natureza é muito recente e, certamente, nossa visão ainda é ingênua, incompleta e superficial. No entanto, aceitamos o desafio de organizar as informações com que somos bombardeados pelas mídias eletrônicas e impressas sobre o tema. O que nos estimula é refletir sobre o significado deste novo encontro do homem com a natureza.

A Natureza está diante de nós e nossa trilha (Peabiru) nos obriga a decidir: ou devoramos mais natureza, transformando-a em mais bifes, frangos congelados e combustíveis, ou nos propomos a uma pausa, a uma reserva, a conter nossa ânsia por mais espaços. Vamos armar a barraca da sensatez e olhar a paisagem e o céu e contar histórias sobre a humanidade antes de avançarmos com as motosserras e usinas hidrelétricas sobre as últimas florestas.

São inúmeros os estudos sobre os limites do Planeta, acerca da lenta capacidade natural de recuperação dos ecossistemas e mesmo sobre a nossa capacidade incontestável de primeiro destruir e depois nos perguntarmos porquê o fazemos.

Não será, assim, a aventura pela aventura o que buscamos, ainda que a diversão, o lazer, a competição saudável sejam parte importante da epopéia humana. O que buscamos é compreender de que material é feita a cultura do homem na natureza nos dias de hoje – de que maneira poderemos sair de casa e nos divertir e sorver a natureza, sabendo que o fazemos com imensa reverência, penetrando em novas trilhas da mesma maneira que pedimos licença para rezar nas catedrais iluminadas pela história.

Os novos esportes, que se inventam a cada momento a partir de novos materiais – e há um belo capítulo sobre o tema – ganharam um impulso muito grande nas últimas quatro décadas, seja pelo crescente público, a atenção da mídia, a sua ligação com patrocínio e outros fatores. A literatura sobre o tema, especialmente em português, é escassa. Afora depoimentos pessoais, há poucas obras que procuram conhecer o que significa, em termos culturais, os esportes de aventura. Daí a publicação de um livro sereno como este, que, com menos pressa, quer promover uma avaliação cultural sobre o tema.

Este livro não se propõe como uma tese acadêmica nem se preocupa em alcançar este ou aquele objetivo. De maneira direta, revela um pouco do que ocorre com essa atividade cultural que pode modificar o modo do homem enxergar a natureza.

A obra encontra-se distribuída em sete capítulos. O primeiro trata da história humana, a aventura maior que é a sobrevivência e, com brevidade, procura reconhecer os caminhos percorridos da nossa evolução e da nossa percepção de mundo. No segundo, a atenção é para os povos originais do Brasil, os índios, que por suas relações tão mais íntimas com a Natureza, têm tanto a nos acrescentar e a nos fazer refletir sobre os nossos modos de vida e as nossas concepções de aventura e desafio.

Em seguida, procura-se compreender as raízes do turismo, do ecoturismo e, particularmente, do turismo de aventura: afinal, tratam-se de janelas para simples contemplação ou portais de uma ligação mais próxima com a Natureza? O quarto capítulo é dedicado ao novo tema das ações socioambientais relacionadas aos esportes de natureza e procura discorrer sobre a sustentabilidade e a responsabilidade de cada um de nós na prática das nossas aventuras.

No quinto, o tema é equipamentos, parte fundamental em diversos esportes, decisivos para a criação de novas modalidades e acessibilidade dos mais diversos públicos.

Discorremos a seguir sobre as corridas de aventura: seu surgimento e suas inúmeras possibilidades no desenvolvimento de nossas habilidades físicas, mentais e emocionais. Por fim, o último capítulo ouve alguns dos aventureiros, aqueles que contribuem para alargar a fronteira humana da relação homem e natureza, sejam quais forem suas motivações, recursos ou habilidades.

Claro está que se trata de uma obra aberta, longe de esgotar a temática proposta e que não se pretende definitiva e sim abridora de caminhos. Também é uma obra incompleta, pois a falta de espaço não permite nos alongar sobre questões fascinantes suscitadas por cada modalidade de esportes de natureza, ou tratar da relação da literatura, do cinema e de outras artes com o tema deste livro.

Por fim, de que maneira, caro leitor, você pode mudar o mundo por meio da aventura e do ecoturismo? Certamente, como diz o provérbio chinês, o caminho se faz ao caminhar; assim, as atividades na natureza representam a nova cultura para a revisão de nossos padrões de consumo. Se nos choca uma única garrafa pet em meio ao manguezal, o que dirá o lixo que cada um de nós produz? Mais que reciclar, é preciso nosso reduzir, repensar, reler o mundo, tornar a nossa pegada mais leve.

Nos tempos de aquecimento global, talvez o caminho, o peabiru, esteja em adotar novos lemas, como este: "mudo eu ou muda o clima"

A Aventura

de Viver

Montanhista observa a paisagem sobre as nuvens, na Pedra do Sino, Serra dos Órgãos (RJ), em 1958

Da sobrevivência do corpo à saúde da alma

"Nunca pare de explorar."
(T.S. Elliot)

Há centenas de milhares de anos o ser humano existe em função da natureza que o acolhe. Ela o alimenta, já o abrigou em suas cavernas quando ele ainda não sabia construir suas moradas e o transporta por rios e mares em busca de novas paragens. A Natureza sempre foi mãe acolhedora e também mistério desafiante a ser enfrentado e superado.

Nos últimos séculos, com o domínio tecnológico, o homem moderno afastou-se da Natureza quando começou, senão a controlá-la totalmente, a entendê-la. E com isso, sentiu-se no direito de apenas desfrutar, de maneira irresponsável e inconseqüente, seus benefícios. Nos tempos recentes, a percepção do erro de tê-la tratado como mercadoria vem despertando algumas ações para remediar essa visão tão errônea.

Nessa longa história humana, portanto, temos duas enormes forças contrastantes: a natureza e o homem. Não pretendemos, aqui, falar da natureza, mas do homem que a ela se associa e se opõe e, mesmo sem feri-la, muitas vezes aventura-se em superá-la.

O que hoje chamamos de "esporte de aventura" carrega muito do milenar sentido da transposição dos obstáculos que se interpunham entre os homens e a sua vontade de ir além de si mesmos.

Superar a natureza é, claro, superar-se a si próprio: o nadador que atravessa a correnteza do rio superou a força das águas, que naquele momento era o limite da sua própria resistência humana. Para entender a questão devemos, portanto, analisá-la sempre a partir dessa dupla perspectiva: a vontade humana de superar os desafios da natureza e sua determinação em exercitar ao extremo suas capacidades físicas para atingir tal objetivo.

Hoje chamamos de "esporte" ou de "aventura" as práticas que, no passado, muitas vezes garantiram a própria sobrevivência da raça humana. Afinal, no início de sua trajetória na Terra, o homem era nômade, perambulava em busca de alimento e abrigo. Por meio desses deslocamentos, os continentes foram povoados. E a sobrevivência era a grande aventura a ser empreendida. Predadores, tempestades, doenças, frio e fome eram constantes no percurso das grandes distâncias em busca de abrigos seguros e fartura de alimentos.

Essa busca constante tornou o corpo humano uma máquina sempre levada a novos limites e superações. Biologicamente era importante que fosse assim pela garantia de existência da espécie. Inundado de testosterona e adrenalina, os combustíveis da coragem, o homem, mais do que a mulher, sempre foi impulsionado para a ação. Pela caça – a aventura mais primitiva pela sobrevivência–, o homem estimulou sua inteligência, ao exercitar o raciocínio e a estratégia para abater animais que poderiam facilmente caçá-lo.

Acima, boca da gruta do Morro do Castelo, no vale do Paty, Chapada Diamantina (BA). Ao lado, escaladores no Paredão CEPI, no Pão de Açúcar (RJ), em 1960

Foi a conquista de novos limites, impostos pela adaptação às características do ambiente natural, a responsável por diferenciar cada povo, dar-lhes particularidades e desenvolver aptidões diferentes, aprimorando a astúcia natural do ser humano.

E quanto mais especializada se torna a tecnologia humana, mais bens materiais são amealhados: casas, a roda e a primeira carroça, vasos de argila, trabalho dos metais. O homem passa a desenvolver habilidades para proteger suas propriedades. Habilidades essas voltadas para a guerra, no intuito de garantir o domínio de sua posse. E, neste círculo vicioso, guerrear para conseguir mais e proteger o que acabou de ser conquistado.

Viajantes nas escaldantes areias do Saara, na Mauritânia. Ao lado, o aventureiro Toco Lenzi, em sua peregrinação pela África.

A exploração dos recursos naturais levou as sociedades a traçarem rotas comerciais precisas, que eram defendidas a ferro e a fogo e das quais temos registros desde cerca de 2000 a.C., quando caravanas de comerciantes da Mesopotâmia, do Egito e naus de Creta cruzavam o mundo conhecido. Esse comércio era tão bem regulado que os mesopotâmicos inventaram a nota promissória e sobreviviam em meio a taxas alfandegárias e maciça correspondência comercial.

Muitos viram, por muito tempo, um forte determinismo dos locais e das condições geográficas sobre os destinos humanos. O mais correto é pensar-se em uma verdadeira simbiose, em que as dificuldades geográficas aceleravam a capacidade adaptativa humana e forçavam a sua superação.

Senão, o que dizer da pequena ilha que alargou-se em império "onde o sol nunca se punha"? Fria, nevoenta e chuvosa, a Inglaterra conquistou os confins do mundo graças à sua tecnologia do aço, dos meios de transporte, da tecelagem.

Quais motivos teriam levado Marco Pólo a atravessar o mundo conhecido, deixando sua confortável Veneza natal para chegar a China, sem nem mesmo falar a língua de todos os locais por onde passou? O que levaria um homem a andar descalço e nu dezoito mil quilômetros em dez anos entre índios selvagens, integrando tribos inimigas por um bem comum, como foi o caso do explorador espanhol e defensor do diálogo entre europeus e os índios, Alvar Nunes, o Cabeza de Vaca, que naufragou no inicio de 1500, próximo à Flórida?

Montanhistas atravessam o glacial do Tarija, na Bolívia, em 2006

Necessidade sem fim

A palavra "aventura" vem do latim ad *ventura*, o que virá, o que o futuro reserva, o que não se conhece. Em línguas latinas como a italiana, por exemplo, "*venturo*" significa "o que virá", como "*l'anno venturo*", ano próximo!

Mas "*ventura*" assumiu também o significado de coisa boa, como em Dom Manoel, o Venturoso, rei português do final do século XV.

Aventura é, portanto, a capacidade, a vontade e a verdadeira necessidade que o homem tem de projetar-se diante do desconhecido, diante de forças que, aparentemente, são maiores do que ele mas que, com astúcia, perseverança e sabedoria, consegue superar. A aventura, em poucas palavras, dá a medida do próprio homem.

É por isso que encontramos o termo "aventura" ligado às conquistas humanas. A mitologia nos legou um dos maiores aventureiros de todos os tempos: o grego Odisseus, mais conhecido como Ulisses, que por dez longos anos vaga pelos mares sem conseguir voltar à sua Ithaca natal, perseguido que era pelo deus dos mares, Poseidon, como castigo por seu comportamento ímpio depois da derrota de Tróia.

No Império Romano, foi freqüente a prática de viagens pelos quatro cantos dos domínios imperiais, até à Babilônia e ao Egito, verdadeiro trajeto turístico, no qual viajantes paravam em hospedarias à beira das estradas ou junto aos portos do Mediterrâneo
.

Na Idade Média, os cavaleiros das cruzadas cristãs atravessaram toda a Europa na insana e vã tentativa de reconquistar Jerusalém, então em poder dos muçulmanos. O conhecimento do perigo não era o bastante para demovê-los da travessia tão arriscada.

No Renascimento, os grandes príncipes das cidades-estado italianas, como Veneza, Florença, Parma, Modena e outras, pagavam regiamente pelo recebimento de objetos curiosos de terras distantes e desconhecidas. Possuir tais objetos era prova material que alargava o espaço do conhecimento e do poder do príncipe. Por esse motivo há um manto de plumas dos índios Tupinambás levado do Brasil para os príncipes Medici, de Florença, ainda no século XVI.

Muitas, ou talvez a maior parte das maiores aventuras históricas, no entanto, não foram gratuitas, mas sim verdadeiros empreendimentos econômicos e de poder político. É o caso das grandes viagens marítimas, na maior parte das vezes bancadas pelos próprios reis europeus, como foi o caso de Cristóvão Colombo, financiado pelos reis de Castela.

Embora notáveis aventuras na plena acepção do termo, pois os navegantes se lançavam ao desconhecido, enfrentando seus medos mais profundos, não eram aventuras na concepção moderna do termo, em função da premente necessidade econômica. O poder e a cobiça pelo lucro sempre moveram os homens para terras distantes. A grande viagem de Marco Polo, no século XIV, revelou à Europa, além do macarrão (de arroz!) a enorme riqueza do Oriente.

Os séculos XVII e XVIII foram um longo período de consolidação do poderio europeu sobre as novas terras conquistadas – as colônias –, nas quais o contato com animais e seres humanos diferentes causava medo a desdém.

No século XIX, com o uso do balão e, a seguir, no início do século XX, com o emprego de pequenos aeroplanos, os europeus começaram a mapear o mundo visto de cima. Isso os permitiu descobrir tribos desconhecidas na África, na Austrália e no próprio Brasil. O mundo passou a ser desbravado por um novo ângulo, uma nova visão geográfica, mais abrangente e detalhada.

Assim, o certo é que o homem primeiro esmiuçou a Terra e, quando os novos recursos de deslocamentos do século XX lhe deram meios mais seguros de viajar, ele passou a encontrar a aventura no desafio de escalar a montanha mais alta mundo, em ir aos pólos do planeta, ao mergulhar mais profundo no oceano, em voar cada vez mais alto, rápido e, não contente, a extrapolar as fronteiras do globo para conquistar o espaço –este novo alento no início de século XXI.

E o que há de belo é que todas essas grandiosas conquistas que habitam o imaginário da mente humana dividem espaço e ao mesmo tempo servem de inspiração para as conquistas e experiências individuais: o gosto por uma trilha de montanha, pela descoberta de uma pequena cachoeira, pela vontade de andar até um morro de onde se vê vista deslumbrante ou o pôr-do-sol inesquecível.

O Alimento da Alma

A concepção de aventura não é física e palpável, mas é algo que, passando por um conjunto de sensações interligadas pela motivação e destreza, temperadas pelo obstáculo inesperado, chega ao prazer da conquista. O desfecho incerto e a proximidade do perigo, por menor que seja, diante da expectativa criada, formulam quadros de superação que, uma vez vencidos, tornam o homem mais confiante em si próprio.

Se, no passado, a aventura era intrínseca às atividades humanas, hoje o homem, gerente e gerido por uma sociedade que, em princípio, provê e protege, sente falta de seu estatuto de capacitação individual.

A necessidade de vencer obstáculos para sobreviver desapareceu do horizonte do homem urbano moderno, sobretudo o que habita nas grandes cidades. Mesmo assim, o desafio da superação de seus próprios limites não o abandonou: repousa desapercebido e pronto a ser despertado.

Não tendo mais terras a desbravar, o homem busca na aventura o reencontro com o desconhecido, com as mesmas sensações e sentimentos que os desbravadores tiveram em suas viagens pioneiras. A aventura parece mesmo ser o alimento do espírito humano, pois mesmo na atualidade, quando o planeta inteiro parece conhecido, o homem ainda se mantém inquieto em busca de novas peripécias.

Cada época apresentou uma necessidade diferente para que o homem enfrentasse o desafio da superação. Hoje, a necessidade surge do seu interior, suprida pelo que chamamos esporte, lazer, aventura.

Não existem receitas para a prática da superação, pois as pessoas possuem diferentes níveis de resistência e expectativa. Por isso a aventura está intimamente ligada à capacidade de seu praticante diante do desafio enfrentado. Para um ser urbano ocioso, uma trilha de pescadores com trechos em costeira rochosa pode trazer a explosão de sensações de um alpinista ao enfrentar um obstáculo com enorme grau de dificuldade.

Acima, o escalador Chander Cristian alcança o topo da face leste do Pico dos Marins (2.421m). Ao lado, ciclistas no Caminho do Céu, na Serra da Canastra, 2005

Canoagem oceânica na Ponta do Drago, em Ilha Grande (RJ). Acima, corredores de aventura fazem rapel em Paraty (RJ). Na pág. ao lado, desafio na descida de caiaque em cachoeiras

Ao lado, um marco de passagem dos peregrinos do Caminho de Santiago de Compostela, na Espanha. Acima, peregrino em uma das rotas que levam a Santiago de Compostela

O Papel do Esporte

A palavra esporte é o aportuguesamento da inglesa “*sport*”, que, por sua vez, deriva da palavra francesa “*disport*” ou “*deport*” , cuja primeira referência data de 1374 e que significava lazer, recreação, divertimento.

Houve, portanto, uma associação dessa palavra a práticas bem mais antigas, que se convencionaram como a “origem” do esporte – os famosos Jogo Olímpicos da Grécia Antiga, realizados desde o século VIII antes de Cristo, pelo menos.

Na realidade, os jogos antigos estavam bem longe da nossa atual concepção do que seja a prática esportiva. A religião grega se baseava em mitos nos quais os deuses viviam em eterna competição, entre eles e com os homens. Nas sociedades antigas, em que a guerra era endêmica, o enfrentamento, o combate, a excelência do físico humano eram valores cotidianos. As vitórias humanas eram atribuídas aos deuses e a eles se destinavam as homenagens dos vitoriosos, na forma de sacrifícios de animais ou ofertas em bens materiais depositados nos templos.

Os jogos podiam ser enfrentamentos que levavam à morte, tanto por exaustão, de pessoas que não estavam preparadas fisicamente para eles, como pela regra em si, que determinava o combate até o fim de um dos contendores. Não era necessário existir ódio entre os oponentes. A princesa Atalanta, segundo narrativa de Hesíodo, em sua obra *Catálogo de Mulheres*, escrito por volta do séc. VII a.C., desafiava para uma corrida todos os pretendentes à sua mão, ditando a regra que quem a vencesse, a teria por esposa; quem perdesse, seria simplesmente morto.

A própria palavra que designava os embates antigos – agon – significava o esforço supremo do combate pela glória. Por esse motivo os jogos antigos, e não apenas os olímpicos, eram chamados de agonísticos. A palavra agon também deu origem a agonia, o combate final pela vida.

Atletas fazem ascensão em rocha na Patagônia Expedition Race, em 2005

Seria mais apropriado, portanto, chamar os acontecimentos de excelência física, que ocorriam no mundo antigo em homenagem aos deuses, por exemplo em Olímpia, de "combates olímpicos", ao invés de "jogos".

Como os de Olímpia, existiam vários outros no mundo antigo – Delfos, Corinto e Neméia, todas localidades gregas. Em Roma, o Agon Capitolinus, em homenagem a Júpiter Capitolino, também ocorria a cada quatro anos. O caráter sagrado dessas disputas era tamanho que nada as interrompia: nem mesmo a guerra com os persas, no século V a.C., que quase destruiu a Grécia, serviu de desculpa para que eles não se realizassem.

As provas eram bem limitadas: a corrida foi a primeira modalidade, em 776 a.C., e por várias edições dos combates olímpicos só ela ocorria. Em 708 a.C., na 18ª Olimpíada, aparece o pentatlo e a luta livre. Na 23ª, em 688 a.C., inova-se com o boxe; corrida de carros na 25ª; e de cavalos na 33ª.

As competições agonísticas podiam também assumir caráter de guerras rituais entre comunidades, como foi o caso de Esparta e Argos que, por séculos, lutavam ritualisticamente pela posse de Tirea, confim montanhoso entre as duas cidades-estado, sem nenhum uso prático a nenhuma das duas. Quem vencia, retinha o poder sobre Tirea por um ano, até o combate do ano seguinte.

Com o correr do tempo, o homem deixou de querer demonstrar sua pujança e qualidade aos deuses. Na Idade Média, o deus cristão prega modéstia e obediência, e não demonstrações de qualidade física. O cavaleiro e seu destemor na batalha eram as qualidades apreciadas. As justas medievais eram sempre entre cavaleiros, diante da corte reunida, que apreciava a força e a destreza de ambos, homem e animal. Estavam perdidas, portanto, as lembranças dos combates pela glória de saber-se o mais veloz e o mais forte, pelo simples prêmio da coroa de ramos da oliveira sagrada que crescia junto ao templo de Olímpia.

No Renascimento, as corridas de cavalos eram muito apreciadas, justamente porque o animal ainda era muito ligado à nobreza. O Pálio de Siena, na Itália, por exemplo, é um evento que renova, anualmente, uma dessas competições renascentistas.

Ficaram portanto esquecidas por doze séculos as disputas que buscavam individuar a excelência física, ressurgindo apenas no século XIX, sob a forma dos Jogos Olímpicos da modernidade.

Não é difícil perceber como o mundo moderno, com suas máquinas idealizadas para substituir o homem em todas suas tarefas, relegou a atividade física a um nicho bastante específico: o da atividade sem função prática.

De fato, um corredor, no mundo antigo, tinha função bem estabelecida de mensageiro. Fidípides, no séc. V a.C., morreu depois de usar seu último fôlego para avisar a cidade de Atenas que seus guerreiros haviam vencido os persas, mas que suas naus ainda se aproximavam. Ele correu cerca de 40 quilômetros, da planície de Maratona até Atenas. Não foi, no entanto, essa distância, pequena para um grande corredor como ele, que o exauriu, mas o acumulado. Há dois dias ele correra 220 quilômetros de Atenas até Esparta em 36 horas, para pedir ajuda face à chegada dos persas. E completara 440 quilômetros ao voltar até Atenas, sozinho, pois os espartanos esperavam a lua cheia para combater.

No mundo moderno, correr, saltar, lançar dardos, enfim, todas as atividades chamadas "atléticas" e que se prestavam a algum serviço, não possuem mais função prática. O homem urbano vem deteriorando seu físico por falta de uso, da mesma maneira que o dente do siso está desaparecendo, por falta de mastigação dura e consistente como era exigida pelos alimentos crus.

Atletas durante corrida expedicionária na Patagônia, em 2005

O Homem Urbano e a Paisagem do Tempo

O uso que o homem faz do meio ambiente, seja para fins econômicos, políticos ou esportivos, evidentemente decorre da maneira como é percebido o que está ao seu redor.

Ao dominar a natureza com técnicas e equipamentos e a buscar o conforto, o homem de certa forma passou a se distanciar dela. Qual ente vencido, a natureza não é mais um desafio, não é temida ou respeitada.

A facilidade de acesso a serviços de toda espécie encontrada nos centros urbanos e a produção de alimentos deixada de ser responsabilidade precípua de cada um contribuíram para uma mudança de comportamento que alterou o cotidiano humano[1].

Essa alteração não poderia deixar de provocar mudanças de percepção – de espaço e de tempo –, que incidem sobre a própria mentalidade do homem. A percepção humana muda não apenas segundo as capacidades individuais, mas também conforme as mudanças da própria sociedade, incluído o meio ambiente na qual ela se assenta.

Os estudos históricos costumam apontar que cada época interpreta o passado de acordo com a mentalidade nela vigente. Assim, "ver" o passado e ver a paisagem são ações muito semelhantes, pois as duas dependem dessa mentalidade na qual estamos inseridos.

No entanto, é fácil perceber que o passado "terminou", deixando apenas referências que o historiador busca. A paisagem, contudo, compreendida como percepção e representação do meio ambiente modificado pelo homem, continua sendo produzida, pois o meio ambiente não terminou, embora muitas vezes esteja sendo modificado de maneira acelerada.

Em cima, uma noite diante da montanha "The Mittens", no Arizona (EUA). Ao lado, interação com a natureza, na reserva indígena Monument Valley Navajo Tribal Park

Não existem diferenças entre a capacidade de ler um texto, compreender um discurso oral ou mesmo uma sinfonia e a capacidade de ver o meio ambiente. Para todas essas atividades é necessário não apenas "predisposição" como, sempre, treinamento. A famosa frase de Albert Einstein, "ser gênio é 2% de inspiração e 98% de transpiração" nos servirá sempre de alerta quanto às necessidades do treino, da repetição, da prática, do estudo. Do cientista ao músico, passando pelo atleta, a percepção e a predisposição são fundamentais, mas elas nada fazem sem a persistência que leva ao aprendizado.

Qual seria, então, o "aprendizado do ver"? Como ver o meio ambiente e entendê-lo? Como esse entendimento se constrói, dentro do indivíduo, como paisagem? Como possibilitar que o indivíduo construa uma paisagem positiva, que o leve a preservar e não a destruir o meio ambiente? Como levar o homem a ser um observador dessa transformação positiva?

Não existe um receituário pré-estabelecido para enfrentarmos essas questões, pois o homem desenvolve diferentes percepções do ambiente e, consequentemente, cria diferentes paisagens mentais, razão de não existir uma avaliação idêntica daquilo que se vê.

Em outras palavras, como o animal que, na cidade, provoca malestar e que, no campo, pode representar a diferença entre uma lavoura sadia ou destruída, árvores polinizadas ou estéreis. O homem "percebe" a paisagem de muitas maneiras.

Assim, um princípio básico para se ensinar a ver o meio ambiente deveria ser aquele de mostrar que a própria percepção é relativa à nossa maneira de ser e que ela não é a única.

Desta maneira, estudar o meio ambiente é estudar a sua história: como as diferentes comunidades e os diferentes grupos dentro de cada sociedade perceberam o meio físico, dele se apropriaram, como o conceituaram e como o preservaram ou modificaram. Nesse contexto, os processos sociais de enculturação, seja relacionado a políticas públicas ou aos diversos mercados como o jornalístico, o terceiro setor etc., são os mecanismos e instrumentos para moldar as concepções e conceitos com os quais interpretamos nossa realidade.

Ver é aprender a ver e para isso temos que conhecer os instrumentos disponíveis e aperfeiçoá-los. A percepção e a maneira de ver levam à construção de idéias que se entrelaçam de tal maneira no tecido da memória social que se torna, depois, extremamente difícil substituí-las por outras.

Moradores de Resende observam balão em evento esportivo.

Um expedicionário em travessia pelo Saara. Acima, camping selvagem em uma floresta boreal do Alasca

O mito dos recursos infinitos

A célebre expressão da carta de Pero Vaz de Caminha ao rei de Portugal, informando-o de que "nesta terra, em se plantando, tudo dá" sucumbiu diante do impacto que o meio ambiente tropical teve sobre os europeus daquela metade do século XVI.

Não era preciso muito conhecimento botânico para que os olhos (e as mentes!) acostumados com os bosques europeus de apenas uma dezena de espécies de árvores se maravilhassem com a riqueza e abundância de variedades da cobertura vegetal das terras recém-descobertas.

Tal maravilhamento, que logo levou a comparação de nossas terras com o paraíso bíblico[2], construiria um "ver" e uma mentalidade infelizmente voltados para o desperdício e o dano, pois foi fundada na crença dos recursos ilimitados e infindáveis. Partindo-se do "nesta terra em se plantando tudo dá", ao mote do IV Centenário de São Paulo – "São Paulo não pode parar" –, sem se esquecer do popularíssimo "Deus é Brasileiro", vemos que, na mentalidade brasileira, formada galhardamente ao longo de mais de quatro séculos, tudo joga contra o respeito e a parcimônia que propiciam a conservação de recursos, sejam eles ambientais ou de qualquer outro tipo.

A chegada, no final do século XIX, de enormes contingentes de imigrantes pobres e analfabetos, que logo se decuplicaram, muito contribuiu para o fomento da mentalidade acima apresentada. Passados dezenas de anos do início da imigração européia oficial para o Brasil, aberta em 1819, o mito se cristalizou ainda mais. O país, em sua construção, deixou do ser percebido como "paraíso" e passou ao mais realista "inferno verde", embora igualmente fora de foco como percepção do real significado do nosso "verde". O fato é que, a partir do século XVI, quando o verde passou a ser visto como "inferno", por causa dos animais, da resistência indígena e, sobretudo, pela febre amarela, abatê-lo passou a significar "civilização" e, no século XVIII e XIX, "progresso".

De mãos dadas com o mito dos recursos infinitos temos a crença da facilidade da construção. De fato, quem viu, ao longo de sua própria vida, cidades espoucarem de dez mil para cem mil habitantes, ou de cem mil para dez milhões como foi o caso de São Paulo, acredita em facilidades e gratuidades em que o balanço entre custo versus benefício, que redunda no custo social final de qualquer "construção", é totalmente ignorado.

Dessa maneira, tal mentalidade incide pesadamente sobre qualquer tipo de manutenção e conservação. Demoliu-se alegremente a Catedral da Sé, construção colonial de grande ingenuidade e pureza de formas no marco zero da cidade de São Paulo, para em seu lugar erguer algo sem qualquer identidade arquitetônica, que imita o gótico europeu, tão a gosto dos padres brasileiros na primeira metade do século XX.

O livro de Carlos Lemos[3] mostra claramente como a São Paulo de taipa foi substituída por aquela de tijolos e, a seguir, por esta de cimento, sendo que estamos entrando naquela de... metal. A reconstrução sempre foi vista como "sinal de progresso" que ofusca e cancela a destruição que a precedeu.

Para retomar o sentido da convivência sadia entre o homem e o meio ambiente, antes de qualquer coisa, é vital fazê-lo perceber que ele é parte de tal meio e que, ao devastá-lo, põe a perder seus próprios recursos. Como em um jogo entre o homem e a natureza com a Terra como tabuleiro, o homem precisa aprender a ver, ouvir e integrar-se com o "adversário". Acabar com o "inimigo" põe fim ao jogo e, conseqüentemente, consigo mesmo.

Entender que recursos são esses, como apreciá-los e respeitá-los passa pelo conhecimento. O turismo de aventura e o ecoturismo propiciam tal momento: o reencontro do homem com a natureza e a possibilidade de, medindo-se com ela, integrá-la ao seu universo perceptivo e respeitá-la como a si próprio.

Canoísta rema solitário na raia da USP, em São Paulo, 2008

Índios

Apresentação durante a Festa Nacional do Índio, em Bertioga, 2008

Lições da vida em harmonia

"Quando os homens não olham para a natureza, julgam sempre poder melhorá-la."
(John Ruskin)

Se nos detivermos, por pouco que seja, a olhar parte da rotina dos povos originais, os índios brasileiros em seu meio, seguramente seremos tomados pelo mesmo maravilhamento dos europeus quando por aqui aportaram há mais de 500 anos. A surpresa, no entanto, não será mais por considerá-los habitantes "primitivos" daquele paraíso terrestre que os europeus do século XVI julgavam ter encontrado. Nossa surpresa será a de vermos como as comunidades indígenas podem nos mostrar o uso equilibrado dos recursos naturais, a beleza da integração não-predadora entre o homem e o meio ambiente, conquistada a duras penas em mais de cem séculos.

Segundo o Museu do Índio, da Fundação Nacional do Índio – FUNAI, *"ao contemplarmos as cerca de 560 terras indígenas existentes no Brasil, devemos considerar que cada uma dessas terras está situada em sistemas ecológicos característicos. Assim, podemos dizer que o meio ambiente e seus variados ecossistemas devem ser reconhecidos como um fator gerador do processo cultural das sociedades indígenas, na medida em que os índios e suas organizações sociais tiveram que desenvolver estratégias de adaptação a cada um desses ecossistemas de forma a obter os meios necessários à sua sobrevivência*[1]."

Como exemplo, a necessidade da caça levou diversas etnias a criarem uma ampla variedade de tipos de arcos, flechas e pontas de lança, cada um com uso definido para cada espécie a ser abatida.

Diversas atividades relacionadas com o meio natural, portanto, consideradas de aventura para o homem urbano, como remar em um rio bravio, descer corredeiras, percorrer quilômetros dentro da mata, cruzar montanhas, ausentar-se por longos períodos em busca de caça para a tribo, entre outras ações, são parte natural das necessidades de sobrevivência indígena.

No entanto, muito do potencial de capacitação física desses homens e mulheres é exercido também fora dos padrões de caça e pesca e demais atividades de manutenção. De fato, as competições são parte intrínseca de diversas culturas indígenas, pelas quais cada etnia estabelece suas afinidades e desenvolve maior habilidade com alguns "esportes", em função do local onde vivem e do seu modo de vida.

Para populações de grandes florestas como a Xavante, habitante da Serra do Roncador, em Mato Grosso, é tradicional o Uiwede Wapraba, a corrida de tora da palmeira buriti (Mauritia flexuosa). Após o corte e a preparação do pedaço do tronco, as toras são submersas no rio para que absorvam mais líquido e se tornem mais pesadas. Cada uma pode chegar a mais de cem quilos[2].

Conhecidos como Yudjá, os Juruna são antigos habitantes das ilhas e penínsulas do baixo e médio Xingu, um dos mais extensos rios da Amazônia meridional. Como é comum em comunidades próximas a grandes rios, são exímios canoeiros.

O relacionamento dos índios com a natureza, claro está, não tem conotação de aventura. A floresta, o rio, os animais e mesmo as outras nações são o seu universo quotidiano, de onde tiram seu sustento, que compreendem, amam, respeitam e temem, como podemos ver em seus mitos e lendas.

Os índios adultos, na realidade, representam o coroamento de pelo menos duas décadas de treinamento intenso nas lides com o meio ambiente. Mesmo durante os folguedos infantis, os "curumins" estão aprendendo – e muito – a cultura de seus ancestrais e preparando-se para quando serão os responsáveis pela continuidade da vida tribal.

Artesanato com sementes dos índios Pataxó, do sul da Bahia

“Índio é aquilo que não se vê[3]”

A preparação para a vida adulta reveste-se de grande importância a partir do oitavo ou nono ano de vida dos indiozinhos, até culminar com o ritual da iniciação, que fará dele um adulto na plena acepção do termo tribal.

O ritual da iniciação à vida adulta, contudo, não é o único rito de passagem das comunidades indígenas. Vários são os rituais, que se constituem em parte importantíssima das suas tradições, pois marcam as mudanças do indivíduo ou de grupos de indivíduos dentro do tecido social. Os principais rituais de passagem são o nascimento, a iniciação à vida adulta, o casamento e os funerais.

O primeiro deles começa antes mesmo da vinda do pequeno ser ao mundo. A mulher grávida passa a ser tratada de maneira especial, com cuidados que propiciem a boa gestação e o bom nascimento. Normalmente, a iniciação do recém-nascido é encenada pelo pai ou, dependendo da Nação, pelo tio materno.

O ritual de iniciação começa ainda na infância, com a “contação” de histórias pelos mais velhos: como surgiram os homens, as plantas e os animais, que grandes desafios pela sobrevivência a tribo enfrentou e os grandes feitos de seus ancestrais. A criança brinca com o que ouviu da história, muitas vezes representando a sua versão daquela aventura, na mata ao redor da aldeia.

Essa preparação para o ritual se intensifica quando o menino atinge o oitavo ou nono ano de vida, ou até menos, segundo a etnia. A partir da idade em que o curumim está apto a acompanhar o pai nas longas expedições pela mata para pescar e caçar, ele se prepara para o ritual de iniciação. A criança indígena não atravessa o período da adolescência como na sociedade nacional. O ritual de iniciação é o importante momento onde o curumim deixa de ser criança e torna-se um homem.

Na maioria das Nações os meninos são separados do convívio da aldeia, mantendo-se nas moradas dos homens adultos, onde passam a ser instruídos sobre os costumes e tradições tribais, habilidades artesanais, caça e na arte ancestral da guerra. Em algumas nações cada menino tem um tutor, um padrinho ritual, chamado de pai substituto. Este será seu mestre e modelo das virtudes masculinas: coragem, resistência e força serão instigadas a fim de habituar esses meninos à dor, tornando-os rijos e prontos para a classe dos solteiros.

O período de isolamento varia de alguns meses a cinco anos, assim como a idade de início da preparação, que varia dos sete aos treze anos. Além do aprendizado das tradições e de provas que testem a resistência do futuro homem, freqüentemente ocorre a primeira caçada como parte do ritual. A maioria das Nações acredita que o espírito do animal morto passa a ser amigo de quem o matou, protegendo-o para sempre, razão pela qual dentes e peles de animais se tornem amuletos e troféus de grande significado. Em alguns povos, como os Yanomami e os Kaiapó, é no ritual de iniciação que se começa a perfuração de partes do corpo que levarão, por toda a vida, ornamentos como botoques sob os lábios ou filetes de madeira varando o nariz e a face, verdadeiros "*piercings*".

As meninas também são objeto de severo ritual de iniciação, que começa quando da primeira menstruação. De maneira geral, contudo, o isolamento das meninas se dá no âmbito da própria casa materna, podendo durar de alguns dias a um ano, dependendo do povo indígena. Em algumas etnias a menina corre para a floresta, onde fica escondida até ser resgatada pela mãe. Elas também são submetidas a provas dolorosas, como cortes pelo corpo, normalmente correspondendo às marcas tribais, feitos com dentes de animais, inclusive de piranhas. Seus cabelos são cortados bem curtos e seu corpo é pintado, quando então ela é apresentada à comunidade com uma grande festa.

Outro importante rito de passagem é o casamento, que implica em jejuns, isolamentos, oferendas aos deuses tribais.

A floresta está presente no mais importante de todos os rituais de passagem: os funerários. Em muitos casos, é no meio da mata que muitas vezes o ancião isola-se, à espera da morte.

Assim, aprender a viver os desafios da floresta, com seus rios, animais e forças mágicas, é a verdadeira educação indígena. Os desafios são parte da vida tribal e o grande preparo físico sempre lhes possibilita enfrentar escaramuças e guerras intertribais, hoje bastante raras.

As culturas indígenas são baseadas em valores coletivos. Toda a experiência e a sabedoria são transmitidas pelos mais velhos de geração em geração apenas pela forma oral – lendas, mitos e contos. Com grande variedade de idiomas, cosmovisões, costumes, tradições e manifestações artísticas, o patente respeito pela natureza e pelos anciãos, a terra pertencendo a toda Nação, mulheres e crianças tratadas com dignidade e a busca pela integração com a mata por meio dos cultos religiosos, demonstram o quanto as comunidades indígenas podem ensinar à civilização contemporânea.

Vitória-régia no museu Emilio Goeldi, Belém (PA). Ao lado, igarapé Águas Claras, próximo a aldeia Nova Munduruku.

O rito de nascimento Tupinambá:

"Entre os Tupinambá, nação indígena extinta que habitava a maior parte da faixa litorânea entre a foz do rio Amazonas e a ilha de Cananéia, no litoral paulista, quando nascia uma criança do sexo masculino, o pai levantava-se do chão e cortava-lhe o umbigo com os dentes. A seguir, a criança era banhada no rio, após o que o pai lhe achatava o nariz com o polegar. Em seguida, ela era colocada numa pequena rede, na qual eram amarradas unhas de onça ou de uma determinada ave de rapina. Colocavam-se, ainda, penas da cauda e das asas dessa ave e, também, um pequeno arco e algumas flechas para que a criança se tornasse valente e disposta a guerrear os inimigos.

O pai, durante três dias, não comia carne, peixe ou sal, alimentando-se apenas de certo tipo de farinha. Não fazia, também, nenhum trabalho até que o umbigo do filho caísse, para que ele, a mãe e a criança não tivessem cólicas. Três vezes por dia punha os pés no ventre da esposa. Nesses dias, o pai fazia pequenas arapucas e delas a tipóia de carregar a criança; tomava, também, o pequeno arco e as flechas e atirava sobre a tipóia, pescando-a depois com o anzol, como se fosse um peixe. Assim, no futuro, a criança caçaria ou pescaria. Quando o umbigo caía, o pai partia-o em pedacinhos e pregava-os em todos os pilares da oca, a fim de que o filho fosse, no futuro, um bom chefe de família. O pai também colocava aos pés da criança um molho de palha, que simbolizava os inimigos. Quando todas essas práticas tinham sido realizadas, a aldeia por inteiro se entregava às comemorações. Nesses dias, era escolhido um nome para o recém-nascido.

Por meio desse rito de incorporação, o pai assumia a paternidade. Ao recém-nascido era reconhecido um lugar na sociedade Tupinambá, como homem ou mulher".[4]

Índio Carajá, da Ilha do Bananal (MT), confere os adereços na Festa Nacional do Índio, Bertioga 2008. Ao lado, guerreiros iniciam sua apresentação

O importante é celebrar

Toda cultura indígena que produz adultos fortes e rijos, também produz um intricado sistema para ocupá-los e mantê-los em boa forma fora do período das caçadas. Na maioria das etnias, danças e lutas rituais representam o simbolismo ritual de guerras passadas, quando o adulto era, antes de tudo, um guerreiro.

Nessas situações, os homens apresentam toda a pujança de seu físico e o tirocínio para situações de oposição de forças, em belíssimas competições que envolvem toda a aldeia.

As competições tribais são celebrações motivadas exclusivamente pela participação e pela alegria da vitória, festejada no momento da conquista. Não existem prêmios ou galardões e "o importante não é competir, e sim, celebrar", como bem explica Carlos Justino Terena, expoente do povo Terena, do Mato Grosso do Sul.

"Em sua sabedoria milenar, a cultura indígena valoriza muito o celebrar. Suas festas são manifestações alegres de amor à vida e à natureza. Têm como referência em suas tradições a espiritualidade, que é a dimensão da vida criada por um ser superior, tendo nos elementos da natureza - árvores, pássaros, animais, rios, lagos, matas - a grandeza da vida. Essa tradição não tem sentido de coisa passada e sim na busca da memória, que é transmitida e atualizada de geração a geração, respeitando-se assim esses valores, adquirindo o dom da partilha em comemorar uns com os outros, vivendo a gratuidade do festejar[5]".

Assim, as celebrações indígenas foram percebidas pelos líderes de suas comunidades como um importante espaço de vinculação social e por isso suscitaram a criação de "Jogos" pan-tribais. Seja mais pelo conceito de competição que de vitória, chegando-se ao uso dos jogos com intuito confederativo, os Jogos dos Povos Indígenas se aproximam mais das competições do mundo greco-romano do que dos campeonatos esportivos modernos. A consciência de sua importância está claramente presente aos líderes indígenas, como observamos no depoimento de Carlos Justino Terena:

" Com a chegada da 'nova civilização', as comunidades indígenas criaram outros mecanismos políticos, sociais e econômicos. Foi desse contexto que nasceu a idéia da criação dos Jogos dos Povos Indígenas, um segmento que nunca fora antes pensado, cuja função e objetivos ganham cada vez mais o caráter de composição da grande família. Todos participam, promovendo a integração entre as diferentes tribos com sua cultura e esportes tradicionais. Nasce um novo conceito de se fazer, conhecer e se estabelecer uma relação de igualdade com a sociedade envolvente. Somente o esporte possibilitará esse momento de respeito às diferenças e de promover a diversidade cultural étnica que caracteriza os indígenas brasileiros[6]."

Os "Jogos dos Povos Indígenas" surgiram em outubro de 1996, em Goiânia, a partir da preocupação de lideranças indígenas de buscar integração entre as 220 etnias do Brasil e demonstrar aos não-índios toda a alegria e a riqueza das suas manifestações culturais, encobertas, em muitos momentos, pelo estado de tensão social nas relações com a sociedade nacional.

Por meio de atividades, tradicionais ou não, cada nação, tribo ou aldeia, encontra a maneira de expressar sua cultura, de modo interativo, participativo, sem perder suas características próprias. Na observação de como essas atividades são praticadas e percebidas pelos índios, podemos encontrar pistas de como seria a aventura para seres humanos que vivem de forma mais próxima à natureza.

Nas atividades dos jogos há modalidades de larga tradição indígena, como o arco e flecha, a corrida de toras, as lutas corporais e a canoagem; e modalidades não-tradicionais, como a natação, o futebol e a corrida. Mas também aparecem novidades. O povo Pareci, por exemplo, que vive no Meio-Norte do Mato Grosso, na Chapada dos Parecis, criou o futebol de cabeça, o Xikunahity, praticado durante festas e grandes cerimônias, a partir da confecção de uma bola de borracha feita com a seiva da mangabeira, disponível na região. Não se trata de cabeceamento: o jogador praticamente mergulha no solo, para tocar a bola com a cabeça. A equipe que não rebater a bola, cede um ponto à equipe adversária.

Em cada disputa, tanto entre os homens como entre as mulheres, é interessante observar que a única motivação individual é pela honra do vencedor. Devido à concepção indígena do que seja vitória, premiações, recordes e reconhecimento de superação de marcas pessoais, por meio de prêmios simbólicos, são lhes aspectos de pouca ou nenhuma importância, embora, em muitas ocasiões, dependendo das comunidades, as disputas envolvam o que poderíamos chamar de "apostas", cujos prêmios variam de animais a objetos e até mesmo mulheres.

Ao lado, Rio dos Peixes, próximo à aldeia da tribo Munduruku, em Juruá (MT)

No esporte indígena, a celebração transcende à competição

O desinteresse pela premiação tradicional oferecida pelos organizadores, troféu e medalhas, ficou claro em uma situação na primeira edição dos Jogos de 1996. Logo após a primeira competição – uma prova de corrida –, os vencedores, chamados nos alto-falantes, sem dar nenhuma importância, preferiram entrar no ônibus que os levaria para o local do almoço. Estavam mais interessados em se alimentar e repor as energias do que em medalhas[7].

O cacique Tabatta Kuikuru, da tribo dos Kuikuru, em depoimento concedido durante a "Festa Nacional do Índio" em Bertioga, em 2008, explica que não existe a figura do atleta profissional: *"Todos aprendem as lutas e as práticas com seus pais desde cedo, nos finais de tarde, depois do trabalho. Mas não é nosso costume ficar treinando, se aprimorando. Só quando uma competição está próxima. Aí a gente toma uma erva para ficar mais forte, para tirar a canseira e limpar o estômago. Mas todos fazem outras coisas, têm suas funções na aldeia".*

Nesse intuito único de celebração, as partidas e disputas dos jogos indígenas muitas vezes surpreendem pelo espírito desportivo, o verdadeiro "*fair play*", demonstrado nas provas. Em uma partida de futebol masculino nos primeiros Jogos, a equipe dos Kanela e outra da região do Xingu disputaram uma jogada praticamente em cima da linha que delimita a entrada do gol. Um dos participantes reclamou ao juiz que a bola havia entrado. O goleiro chamou esse atleta, mostrando com a bola quase em cima da linha demarcatória, embaixo das traves, que não havia sido gol. Da forma mais pacífica, o atacante olhou e balançou a cabeça confirmando que realmente a bola não havia entrado[8].

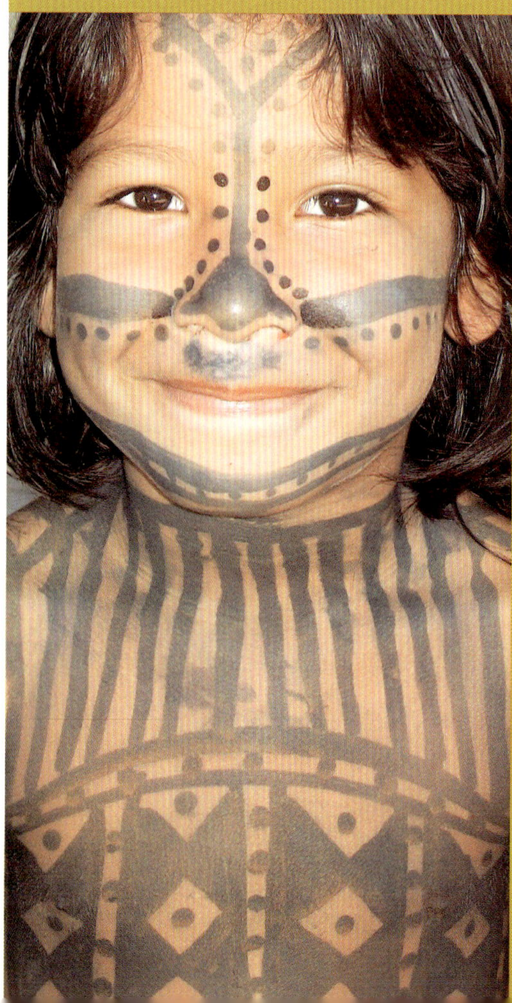

Em outubro de 2000, o povo Erikbatsa demonstrou o peso das habilidades naturais ambientais transformadas em jogos competitivos modernos, logo em sua chegada aos III Jogos, em Marabá, no Pará. Toda a estrutura fora montada na Praia do Tucunaré, uma turística ilha fluvial formada no verão por um grande banco de areia no rio Tocantins. Os indígenas, habitantes do norte do Mato Grosso, desembarcaram pela manhã na beira do rio, em Marabá, com sua delegação. Colocaram grande parte de suas bagagens nas canoas e iniciaram a travessia de mais de dois quilômetros para a Praia do Tucunaré. De lá, o capitão da marinha naval, preocupado, gritava pelo rádio para que um barco maior fosse ao encontro e socorro das cinco canoinhas, que desapareciam nas fortes ondas do rio Tocantins. Foi logo tranqüilizado pelo coordenador indígena dos jogos. Não é à toa que os Erikbatsa são também conhecidos como grandes canoeiros e nadadores. Eles chegaram remando em rumo reto e não em diagonal, como os barcos a motor daquela região fazem costumeiramente, e desembarcaram na Ilha da Praia do Tucunaré completamente a salvo[9].

Ao se tomar como exemplo a canoagem, atividade basicamente de locomoção e meio para pesca, vemos que ela pode caracterizar uma "aventura" em função de rigores excepcionais de trajeto, mas não é algo que os indígenas busquem por divertimento.

Seja na caça ou na pesca, a astúcia, a concentração e a fabricação de equipamentos adequados, o aprimoramento da técnica leva aos melhores resultados. A técnica, justamente, seja a de produzir-se vestes e equipamentos, seja o do melhor rendimento, é a prioridade do desenvolvimento do esportista.

No caso do indígena, contudo, apenas as nações isoladas ou aquelas protegidas em reservas bem estruturadas é que conseguiram manter suas técnicas tradicionais e continuar aprimorando seu desempenho físico. A aproximação da sociedade nacional, mesmo que de maneira pacífica, alterou diversos valores indígenas, sobretudo para obter o próprio alimento. As festas e jogos são, assim, um importante momento de congregação e de estímulo às tradições tribais.

Índios da tribo Carajás, em festa. Na pág. ao lado, indiozinho Munduruku no rio dos Peixes e a cultura da natureza estampada na pele

A real aventura

De forma clara, é possível perceber que uma das maiores tradições indígenas é a grande caçada, que pode afastar muitos homens da aldeia por um período de até dois meses. Eles voltam então, vitoriosos, com suas presas – o provimento de proteína em suas dietas – e toda a aldeia vira uma grande festa.

Pelos imprevistos e perigos de que se reveste, sem contar a imprevisibilidade do resultado final, a caçada para os índios, por mais que represente uma necessidade de subsistência, caracteriza-se como uma grande aventura, comparável a atividades a que nos submetemos em nosso dia-a-dia nas metrópoles.

Nessa aventura indígena, além dos perigos naturais, devemos levar em consideração a questão dos espíritos que habitam a floresta, vistos muitas vezes como hostis aos homens e, por isso mesmo, despertando-lhes cuidado e apreensão à medida que se embrenham em espaços pouco familiares.

Contudo, no dizer de Daniel Munduruku, a maior aventura para o índio brasileiro, hoje, é ir conhecer uma cidade grande como São Paulo. Seu maior desafio, nesse inicio de século XXI, é entender como o homem pode viver tão distante da natureza, sem respeitá-la, sem compreendê-la e, ainda, aglomerar-se em meio a tanta poluição.

Oca indígena da tribo Munduruku. Ao lado, a natureza à porta de casa: floresta e rio em torno da aldeia.

A aventura pela sobrevivência ensina o indígena a respeitar o meio ambiente e a integrar-se a ele. A rota de desenvolvimento do homem urbano, no entanto, por muito tempo tomou a natureza como obstáculo ou simples fonte de recursos para seu desenvolvimento.

Se não é mais possível retroceder no tempo, aventurar-se de volta à natureza tem o dom de fazer-nos refletir sobre quão premente é a necessidade de voltarmos a nos considerar seus filhos e não seus patrões.

Ecoturismo

O conceito

"Nós vivemos na época do excesso de trabalho, na qual as pessoas são tão laboriosas que se tornam estúpidas."
(Oscar Wilde)

O ecoturismo, tal qual o conhecemos no Brasil, tem suas origens na década de 1980, com a profissionalização da atividade. Um dos marcos usualmente apontados é o surgimento de empresas e organizações da sociedade civil dedicadas ao tema. O ecoturismo, no entanto, é muito mais que mera plataforma jurídica ou comercial; representa o momento civilizatório em que nos encontramos.

O ecoturismo resulta da crescente necessidade das pessoas, cada vez mais asfixiadas pela urbanização e pelo insucesso das soluções em viver nos grandes centros, de encontrar uma válvula de escape, de retornar à Natureza. O ecoturismo inova, na medida em que se apresenta como atividade profissional que propicia o reencontro da Terra como Mãe-Terra, supridora segura do que nos alimenta e sacia – de maneira planejada, pesquisada, medida.

Ademais, uma sociedade é desenvolvida na medida em que é capaz de atender às necessidades de seus cidadãos por lazer e cultura e conservar o espaço em que vive para as próximas gerações. Se o turismo de massa se apresenta adequado aos caminhos artificiais da cidade e das máquinas do homem, os espaços naturais demandam um novo modo de convivência.

O ecoturismo, responde, com sutileza e sabedoria, à força que busca tornar o mundo homogêneo e insípido. À medida que as cidades se tornam iguais, a natureza resiste, por se apresentar como o meio possível para o resgate da diversidade e da dignidade.

Rio Amazonas visto da Serra de Paytuna, Monte Alegre (PA)

A Humanidade, com seus holofotes e televisões, empurra a sociodiversidade – os povos originais – no caso brasileiro, índios, quilombolas e populações tradicionais como os caiçaras, beiradeiros, seringueiros, castanheiros, ervateiros etc., para o Brasil profundo, para os rincões naturais, para onde não chega o trator de esteira, a motosserra, o jet-ski e a estrada pavimentada. O ecoturismo é o não-motor, o não-planejado, o caminhar, o silêncio, o ouvir, o ouvir-se, o ouvir o outro, o se perceber, o perceber o outro, o que o motor não permite em seu ronco permanente.

O ecoturismo é a maneira de afirmar que é preciso preservar o que ainda existe de Terra ainda em estado natural. A urbe nos toma, dia a dia, mais espaços. Os povos e estes lugares são sustentáveis e têm um papel a cumprir no planeta. A urbe nos ocupa, aos nossos estômagos e sentimentos, com suas necessidades de consumo. A urbe nos desune nos apartamentos, qual celas. O ecoturismo nos reensina, nos reenergiza, nos reaproxima, nos reanima, permite-nos experiências simples e ao mesmo tempo explosivas: ver o nascer do sol, observar o ninho de um pássaro, ouvir a bulha da floresta na primeira noite do mundo. Quem não se sentiu gratificado depois de um banho de cachoeira, ou uma caminhada sobre as nuvens no cimo das montanhas, ou na praia deserta de sons-e-carros-de-sons-com-vendedores?

O mundo é cheio de explicações e justificativas. O ecoturismo não. Não precisamos de razões para asseverar que o bioma amazônico mereça sobreviver à nossa fúria pirotécnica e aos "canaviais-biomassivos" e pastagens "boi-catastróficas". O simples fato de sabermos que ele existe, que o rio Amazonas flui, é suficiente para poupá-lo. Como lembra com pertinência a bióloga Rita Mendonça, "que seria de nós se não a tivéssemos perto ou longe, para nos dar a esperança de um dia nos tornar dignos de nossa rica experiência humana? A floresta simboliza o próprio processo de aprendizado da vida. Ela dá sentido às atividades humanas. Ou melhor, ela nos faz questionar o sentido do que fazemos".

Acima, a troca do asfalto pela vegetação na caminhada. Ao lado, montanhista sobe a Pedra do Baú, em São Bento do Sapucaí (SP)

Canoagem no lago andino Huechulafquen, próximo ao vulcão Lanin, na Patagônia Argentina, 2005

As pesquisas de opinião pública cada vez mais demonstram que as pessoas querem experiências autênticas, miniaventuras. Querem lembrar das cachoeiras não pelas lentes das máquinas fotográficas mas sim pelo contraste sensorial entre a temperatura da água e do ar; querem sentir a casca da castanheira de seiscentos anos e ouvir sua história; querem que os cinco sentidos aflorem e exerçam os papéis que a fumaça, aço e concreto nos impedem de explorar.

O ecoturismo é a trilha da contracultura, o momento em que não poderemos controlar as chuvas e os ventos e as marés ou os pensamentos. Certa vez uma turista espanhola que atravessara o Atlântico para avistar as baleias francas de Santa Catarina, frustrada com o mau tempo, queria seu dinheiro de volta: porque as baleias não se lhe apresentaram como cães domesticados no mundo repleto de reprises, como prometiam o folheto e a agência de viagem que lhe vendeu o pacote repleto de aventuras. Mas perceber o mundo é a grande aventura. Mais que as baleias, o mar é a liberdade franca e indissolúvel, com suas vagas incertas, pelas quais não há uma onda que seja igual à outra.

O ecoturismo seria uma pista para rever o consumismo. Guie-se pela esperança: em sua mochila leve apenas o necessário. E o que é necessário em nosso dia-a-dia para nos fazermos plenamente confortáveis? E felizes?

Será que as horas que passamos dentro de carros parados nos congestionamentos de nossas cidades é o nosso ideal de conforto e bem-estar? Não terá uma tempestade no meio da mata o poder e a força de redimensionar nossos próprios critérios de bem-estar?

"A experiência do ecoturismo pode fazer isso: criar oportunidades para novas formas de pensar e abrir espaços para ações criativas, que possam garantir a todos uma experiência transformadora. O ecoturismo possibilita uma vivência, indo muito além do alcance das explicações. Se ela for positiva e bem elaborada, provavelmente deixará no individuo a certeza de que é possível a construção de novas relações com o mundo[1]."

Haverá algo mais valioso no entorno da megalópole que uma cabana sem luz, sob o céu cujas estrelas pulsam como no primeiro dia do livro original? Com medo da noite, iluminamos tanto os nossos caminhos, mas agora o valor está em não ter caminho, nem iluminação na próxima noite, e garantimo-nos que a próxima noite será a mais ilustre que ousamos viver.

O filósofo e poeta alemão Hans Magnus Enzenberger deixa claro o que será escasso para a sociedade, e que na verdade já o é para o metropolitano estressado: o tempo, a autonomia, o espaço, a tranqüilidade, o silêncio, e o ambiente ecologicamente saudável.

Ninguém propõe o retorno às cavernas. O que se quer com o ecoturismo é revalorizar o que perdemos com a urbanização. É um pouco da magia essencial, dos mitos que governaram povos no período pré-cabralino e que, por dez mil anos, ensinaram às gentes como conviver com os ambientes naturais.

Em termos da urbe – marqueteiros - a previsão da empresa especializada em tendências de lazer Brainreserve[2], dirigida pela conhecida Faith Popcorn, da Califórnia, apresenta o caminho a seguir: trata-se do "*Wildering*" - "retorno ao estado selvagem", ou seja, "uma nova avaliação do homem como animal, um retorno às atividades ao ar livre, em seu estado selvagem (*Great Outdoors*), procurando captar o espírito desbravador ao testar os limites das capacidades físicas e mentais". Popcorn lembra que "não é o modismo que interessa, mas a força anterior a ele(...) O modismo é imediato. A tendência pode levar dez anos para se concretizar. Uma tendência pode estar em diferentes estágios em várias partes do mundo, mas sua organização é universal[3]."

Aventura embaixo d'água, em Fernando de Noronha, e contemplação em suas areias.

As Palavras-Chaves

A profissionalização dos passeios à Natureza leva ao "turismo ecológico", posteriormente simplificado para "ecoturismo". O termo "turismo" vem do franco-inglês "*tour*", que significa volta, vez, caminhada, giro, passeio. "*Tourism*" e "*tourist*" – turismo e turista – são, portanto, respectivamente, o ato de caminhar por outros locais e o sujeito que pratica tal ação. O ecoturismo, assim, é o turismo que se insere no sistema ecológico.

A ecologia, por sua vez, tem a mesma raiz grega da palavra economia: *oikos*, a casa em que se vive, não enquanto construção física, mas organização que protege e permite a reprodução e a manutenção da vida. Foi a partir desse conceito que Ernest Haeckel cunhou o termo ecologia, em 1870:

*"Pela palavra ecologia, queremos designar o conjunto de conhecimentos relacionados com a economia da natureza - a investigação de todas as relações entre o animal e seu ambiente orgânico e inorgânico, incluindo suas relações, amistosas ou não, com as plantas e animais que tenham com ele contato direto ou indireto, - numa palavra, ecologia é o estudo das complexas inter-relações, chamadas por Darwin de condições da luta pela vida".**

Em 1994, pela primeira vez, o governo federal, por meio da Empresa Brasileira de Turismo – Embratur, em parceria com o Ministério do Meio Ambiente, propõe o conceito de ecoturismo:

Ecoturismo é um segmento da atividade turística que utiliza, de forma sustentável, o patrimônio natural e cultural, incentiva sua conservação e busca a formação de uma consciência ambientalista por meio da interpretação do ambiente, promovendo o bem-estar das populações.

Cavaleiros de Angico, em Juazeiro (BA). Acima, burrinho atravessa ponte em Santo Amaro, Barreirinhas (MA). Ao lado jovens capacitados pelo Instituto Peabiru, Praia da Romana, Curuçá (PA)

Espeleotemas na gruta da Lapa Doce, Chapada Diamantina (BA)

As Raízes

O ecoturismo não surgiu do acaso. A árvore do ecoturismo resulta de um processo civilizatório onde há pelo menos quatro grandes raízes que merecem destaque: o campismo, o escotismo, as vivências na natureza e as expedições científicas.

A primeira raiz estaria no campismo. O campismo origina-se do aprendizado de povos nômades na Eurásia e América do Norte, e dos exércitos da Antiguidade do Oriente e do Mediterrâneo, em percorrer longas distâncias, improvisando locais para o pouso e a alimentação, e para se proteger dos ventos, chuva e das temperaturas extremas.

Se dificilmente encontraremos a preocupação com a conservação ambiental nos acampamentos militares, é deles que aprendemos a montar as barracas, a construir abrigos provisórios, a carregar o que necessitamos nas costas. O surgimento da era do petróleo permite a substituição das pesadas, pouco práticas e pouco duráveis peles de animais, empregadas nas tendas, por tecidos cada vez mais leves e resistentes. Se um legionário romano se via obrigado a carregar até 70 kg em suas costas, os modernos campistas dificilmente terão que levar mais que 15 kg.

O campismo moderno surge com maior força na Europa e nos Estados Unidos no pós-Segunda Guerra Mundial. São grupos urbanos, de jovens, pais em busca de um contato com a natureza para suas famílias e clubes de especialistas (observadores de pássaros, interessados em jardinagem, alpinistas etc.).

A prática chega ao Brasil na década de 1960 e tem sua expansão no final dos anos 1970, quando o Camping Clube do Brasil [4]– uma entidade sem fins lucrativos que lidera o setor desde seu início – alcança a cifra de 70 mil associados e atende um milhão de pernoites em sua meia centena de campings pelo Brasil.

É de 1964 a primeira fábrica nacional de trailers, a Turiscar, que também conhece maior sucesso até a década de 1990, quando a homologação do novo Código Nacional de Trânsito impõe restrições à habilitação de condutores de veículos com *trailers* e *motor-homes*

Hoje, diante de outros meios de hospedagem (pousadas, *ecolodges*, hotéis-fazenda etc.), o campismo sofre a pecha de algo ultrapassado e pouco atraente. De fato, sua cultura não se fixa no país, nos moldes que se imaginara copiar dos países do hemisfério norte, confundida, muitas vezes, com o movimento *hippie*, de cunho eminentemente contracultural. Certamente o campismo está aí para ser reinventado, repensado, como novo fio condutor da ligação do homem com a Natureza.

Ademais, em função da escalada crescente da violência, particularmente no entorno das grandes cidades, poucos se arvoram, mesmo em grupos de jovens, a acampar em áreas selvagens e desguarnecidas, como era tão comum no litoral e nas regiões montanhosas proximas às grandes capitais.

Acampamento durante ultramaratona pelas Montanhas Rochosas do Colorado (EUA), em 2007. Acima, montanhistas no Pico dos Marins, na Serra da Mantiqueira (SP-MG), a 2.421 metros

Se a vivência propiciada por um acampamento sem estrutura e pouco conforto, sujeito ao ataque de insetos, premiado com banhos frios e alimentação precária, sob a insígnia da paz, do amor e do natural, consolidou a imagem, persistente ainda hoje, de algo capaz de encantar apenas "jovens alternativos e mochileiros", insensíveis às adversidades, é sempre bom lembrar que é deste solo que germinam muitos dos movimentos ambientalistas a partir da década de 1980.

A segunda raiz tem uma data mais definida: 1908, ano da publicação do livro "Scouting for Boys" (Escotismo para Rapazes), do tenente-general inglês Robert Stephenson Smyth Baden Powell. A obra rapidamente anima a criação de milhares de grupos na Europa e Estados Unidos. No Brasil, o primeiro grupo - Centro de Boys Scout do Brasil - surge em 1910, no Rio de Janeiro, pelas mãos dos oficiais do encouraçado Minas Gerais, da Marinha de Guerra do Brasil.

Se muitos vêem no escotismo um gênero de atividades carecendo de atualização, e que possui um quê de religiosidade, dificultando sua ação inclusiva, seu valor é incontestável ao propor aos jovens não apenas os desafios físicos da sobrevivência no meio silvestre, mas, igualmente, lições de ética e moral. Assim como no futebol, no qual basta um campo improvisado e uma bola para se jogar, o escotismo depende principalmente do interesse e compromisso de seus participantes e de um ambiente natural para que se realizem as atividades que permitam a convivência harmônica em grupo.

Inicialmente, o escotismo aceitava apenas homens, posição que mudou a partir da década de 1940, com a criação de grupos de bandeirantes. A idade inicial também foi alterada, com a recepção de aprendizes mirins: lobinhos, para os homens, e fadinhas, para as mulheres.

Ecoturistas na Serra da Canastra (MG). Vista do Salto São João e seus 84 m, em Prudentópolis (PR)

A concretização do negócio verde

A primeira agência de ecoturismo no Brasil surge de uma iniciativa privada de um ex-engenheiro civil, disposto a abrir uma escola de cursos livres de aperfeiçoamento pessoal, que envolvesse lazer, esportes e psicologia. Edgar Werblovsky relembra a caminhada que fez na Serra do Mar, em 1983, como parte de um curso de integração com a natureza e que daria origem à atual empresa "Freeway".

A descida pela trilha da Pedra Lisa, no município de São Bernardo do Campo, passava por uma área de Mata Atlântica, indo até o conhecido Poço das Moças, na cidade de Cubatão. Pela reação de um grupo tão heterogêneo, nos objetivos como na forma – pessoas preparadas e não preparadas, homens e mulheres, crianças e adultos, com calçados apropriados ou não, Werblovsky percebeu a oportunidade de negócio diante do alto grau de satisfação das pessoas que o contato com a Mata Atlântica proporcionava – todos estavam alegres e empolgados com a experiência.

"Naqueles tempos, em que não existiam internet, programas Globo Repórter, revistas especializadas, mapas, receptivos locais, guias, transporte adequado, equipamentos, roupas, onde tudo era precário e absolutamente desconhecido, caminhar na mata era sinônimo de algo excêntrico, totalmente fora de cogitação para os padrões do cidadão comum.[12]"

Seu objetivo era que cada turista, uma vez em contato com a natureza, pudesse atrair mais e mais pessoas para a mesma experiência. A década de 1980 viu o surgimento de outras agências especializadas, em São Paulo, Rio de Janeiro, Rio Grande do Sul, Paraná e Minas Gerais, entre as quais a Climb Expedições, Piza Trekking, Bioma Ambiental Expedições, Venturas e Aventuras, Brasil Adentro, Ipá-Ti-Uá e Biotrip.

Os primeiros roteiros dedicam-se a viagens curtas a locais próximos aos grandes centros urbanos. Aos poucos se verifica a importância de estabelecer alianças locais, capacitar moradores para auxiliarem na condução de grupos, na alimentação dos visitantes etc.

Um novo e importante aliado é a inclusão de proprietários rurais, que percebem a oportunidade de renda na atividade. João Meirelles Filho, o primeiro presidente do Instituto de Ecoturismo do Brasil, comenta sobre essa percepção:

"Aos poucos, percebe-se que a cachoeira no fundo da mata, o brejo de marrecos e mesmo o arroz carreteiro, o doce de leite puxa-puxa ou a moda de viola no fim da tarde, enfim, tudo que muitas vezes é ignorado pela população urbana, se for reinterpretado e apresentado para os novos povos urbanos com um produto para lazer e turismo, pode receber uma destinação nobre e gerar renda. O ecoturismo possibilita essa revalorização de espaços.[13]"

Acima, o proprietário da Freeway, Edgar Werblovsky. Ao lado, uma das várias travessias de rio da Trilha do Ouro, na Serra da Bocaina (SP-RJ)

Além de conhecimentos sobre orientação com bússolas e cartas topográficas, primeiros socorros, onde encontrar alimento no meio natural e organização de um acampamento, o escotismo oferece lições de cidadania, caráter e atenção ao próximo, que todo jovem deve aplicar diariamente: "Qual a sua boa ação de hoje?" Os mandamentos do escotismo são claros e desafiadores:

"O Escoteiro é bom para os animais e as plantas – Você reconhecerá como companheiros as outras criaturas de Deus, postas, como você, neste mundo, durante certo tempo, para gozar suas existências. Maltratar um animal é, portanto, um desserviço ao criador. Um Escoteiro deve ter um grande coração[6]."

Inspirados no escotismo e outras correntes, surgem diversas escolas, agremiações e grupos relacionados ao movimento de retorno à natureza. Este movimento é tão variado e amplo que mereceria um capítulo, ou quiçá, um livro à parte. Merece breve menção, no entanto, a Outward Bound[7], presente no Brasil desde 2000, como esta mesmo se posiciona em seu website : "educação experiencial ao ar livre. Presente em mais de 30 países e com mais de 65 anos de história, atua no desenvolvimento humano de jovens e adultos, despertando valores como confiança, espírito cooperativo, liderança e responsabilidade pessoal, social e ambiental".

A terceira raiz estaria relacionada às vivências na natureza. Até a década de 1990, o professor que levava seus alunos para fora da sala de aula para lhes apresentar a Matemática, a Química, a Física, a Biologia e mesmo as Ciências Sociais era um inovador. Hoje esta prática é rotineira, profissionaliza-se e se torna essencial.

Os novos currículos escolares pressupõem saídas a campo, desde a pré-escola ao ensino universitário, reconhecendo, finalmente, que a maneira teórica de ver o mundo entre as quatro paredes de uma sala de aula ou por meio das páginas de um livro apresenta sérias limitações. No entanto, estas experiências de vivência no campo são ainda bastante limitadas.

Entre as técnicas mais marcantes, certamente, estariam as propostas pelo pensador norte-americano Joseph Cornell, criador da Sharing Nature Foundation[8], e no Brasil representada pelo Instituto Romã[9], dirigido por Rita Mendonça, que propicia uma série de brincadeiras (jogos com a natureza) que permitem uma aproximação rápida, segura e agradável com o meio ambiente.

É muito imaginar que cada estudante tenha o direito, ao menos uma vez em seu período de formação escolar, de visitar uma unidade de conservação, de ouvir uma comunidade tradicional apresentar o seu modo de viver, ou de, simplesmente, explorar um lugar natural?

Um lobinho em seu uniforme. Na pág. ao lado, vivências na Natureza promovidas pelo Instituto Romã

Como propõe Rita Mendonça, "quando entramos em uma área natural quase sempre nos sentimos bem, percebemos que alguma coisa muda. Quanto mais nos aprofundamos nessa relação, nessa intimidade com os elementos naturais, percebemos que ali há uma grande escola que nos proporciona uma das raras oportunidades que temos para realmente evoluir", ao que é possível completar com outra reflexão de Rita Mendonça e Zysman Neiman: "podemos saber tudo sobre a natureza, mas isso não é suficiente para querermos preservá-la. Para preservarmos temos que ter com ela uma relação afetiva, de amor, que gera o desejo de que ela continue existindo. O amor é o que dá um melhor sentido às coisas. Mas isto é algo muito delicado de se introduzir nesse mundo objetivo, ou melhor, pretensamente objetivo[10]".

Por fim, a quarta raiz está fincada nas expedições científicas. Se elas são a maneira adequada para conhecer a Geologia, a Botânica, a Zoologia e a cultura das regiões, esta busca de conhecimento nas últimas décadas esta é transformada em oportunidade para realizar atividades turísticas.

Particularmente após a década de 1970, com o barateamento das passagens aéreas, organizações sem fins lucrativos, clubes e agências especializados e museus oferecem atividades de turismo relacionadas à pesquisa científica. É a oportunidade para as pessoas comuns acompanharem cientistas, verem-nos em campo, trabalhando, ou mesmo, assisti-los em suas coletas. De maneira semelhante, surge um grande mercado de trabalho voluntário para a conservação de sítios históricos, trilhas e uma gama de trabalhos sociais, representados pelas férias voluntárias (*voluntary vacations*), que cada vez mais possuem um caráter cultural transformador.

O contato das crianças com a natureza: vivência noturna na mata, esporte e educação – conscientização ambiental desde cedo

Kite-surf divide espaço com canoa no rio Preguiça, em Caburé, Barreirinhas (MA)

As noções ambientais

O ecoturismo nasce como contraponto à metropolização, e este acompanha os grandes movimentos mundiais de definição de prioridades ambientais. Um dos marcos é a Conferência das Nações Unidas sobre o Meio Humano, de 1972, conhecida como a Conferência de Estocolmo, o primeiro grande alerta mundial para a questão ambiental. Esta proclama, como sua primeira diretriz:

"O homem é, a um tempo, resultado e artífice do meio que o circunda, o qual lhe dá o sustento material e o brinda com a oportunidade de desenvolver-se intelectual, moral, social e espiritualmente. Na longa e tortuosa evolução da raça humana neste planeta chegou-se a uma etapa na qual, em virtude de uma rápida aceleração da ciência e da tecnologia, o homem adquiriu o poder de transformar, por inúmeras maneiras e numa escala sem precedentes, tudo quanto o rodeia. Os dois aspectos do meio humano, o natural e o artificial, são essenciais para o bem-estar do homem e para que ele goze de todos os direitos humanos fundamentais, inclusive o direito à vida."

Vinte anos depois, diante das crescentes ameaças ao Planeta Terra, a ONU realiza nova Conferência Mundial, a Eco-92, ou Rio-92, como ficou conhecida a Conferência das Nações Unidas para o Meio Ambiente e o Desenvolvimento (CNUMAD), elevando a preocupação ambiental para o centro das atenções mundiais. Esta amplia os debates, transformando-os nos pressupostos da Agenda 21".

Ao lado, praia em Fernando de Noronha
Abaixo, Sérgio Zolino e atleta remam na Baia da Ilha Grande (RJ), durante corrida de aventura, em 2006

4

Descida no rio Jacaré Pepira, em Brotas, 2007

A concretização do negócio verde

A primeira agência de ecoturismo no Brasil surge de uma iniciativa privada de um ex-engenheiro civil, disposto a abrir uma escola de cursos livres de aperfeiçoamento pessoal, que envolvesse lazer, esportes e psicologia. Edgar Werblovsky relembra a caminhada que fez na Serra do Mar, em 1983, como parte de um curso de integração com a natureza e que daria origem à atual empresa "Freeway".

A descida pela trilha da Pedra Lisa, no município de São Bernardo do Campo, passava por uma área de Mata Atlântica, indo até o conhecido Poço das Moças, na cidade de Cubatão. Pela reação de um grupo tão heterogêneo, nos objetivos como na forma – pessoas preparadas e não preparadas, homens e mulheres, crianças e adultos, com calçados apropriados ou não, Werblovsky percebeu a oportunidade de negócio diante do alto grau de satisfação das pessoas que o contato com a Mata Atlântica proporcionava – todos estavam alegres e empolgados com a experiência.

"Naqueles tempos, em que não existiam internet, programas Globo Repórter, revistas especializadas, mapas, receptivos locais, guias, transporte adequado, equipamentos, roupas, onde tudo era precário e absolutamente desconhecido, caminhar na mata era sinônimo de algo excêntrico, totalmente fora de cogitação para os padrões do cidadão comum.[12]"

Seu objetivo era que cada turista, uma vez em contato com a natureza, pudesse atrair mais e mais pessoas para a mesma experiência. A década de 1980 viu o surgimento de outras agências especializadas, em São Paulo, Rio de Janeiro, Rio Grande do Sul, Paraná e Minas Gerais, entre as quais a Climb Expedições, Piza Trekking, Bioma Ambiental Expedições, Venturas e Aventuras, Brasil Adentro, Ipá-Ti-Uá e Biotrip.

Os primeiros roteiros dedicam-se a viagens curtas a locais próximos aos grandes centros urbanos. Aos poucos se verifica a importância de estabelecer alianças locais, capacitar moradores para auxiliarem na condução de grupos, na alimentação dos visitantes etc.

Um novo e importante aliado é a inclusão de proprietários rurais, que percebem a oportunidade de renda na atividade. João Meirelles Filho, o primeiro presidente do Instituto de Ecoturismo do Brasil, comenta sobre essa percepção:

"Aos poucos, percebe-se que a cachoeira no fundo da mata, o brejo de marrecos e mesmo o arroz carreteiro, o doce de leite puxa-puxa ou a moda de viola no fim da tarde, enfim, tudo que muitas vezes é ignorado pela população urbana, se for reinterpretado e apresentado para os novos povos urbanos com um produto para lazer e turismo, pode receber uma destinação nobre e gerar renda. O ecoturismo possibilita essa revalorização de espaços.[13]"

Acima, o proprietário da Freeway, Edgar Werblovsky. Ao lado, uma das várias travessias de rio da Trilha do Ouro, na Serra da Bocaina (SP-RJ)

GORE-TEX

Ética e responsabilidade nos ambientes naturais

A mídia, principalmente a televisão, contribuiu muito para destacar e valorizar destinos ecoturísticos, a ponto de existir a preocupação quanto ao momento adequado de sua divulgação. A exposição de um local inexplorado cria o desejo nas pessoas de serem as primeiras a conhecê-lo, gerando pressão de visitação em áreas pouco preparadas para esta demanda.

Um dos primeiros casos no país é o de Parati, no litoral sul fluminense. Foi uma das primeiras ocasiões em que uma novela, Beto Rockfeller, entre 1968 e 1969, leva turistas a uma pequena vila. Em 1969, a atriz Maria Della Costa apaixona-se pela cidade e passa a residir em seu centro histórico, tornando-se, inclusive, secretária da cultura e contribuindo para a sua conservação. Fernando de Noronha (PE), Bonito (MS), Pantanal (MS e MT) também serão tratados pela mídia televisiva como paraísos intocados, que sofrerão crescente pressão pública.

O ecoturismo deixa de ser uma atividade de eminentemente elitista e passa a atender um público maior, com múltiplos interesses, que não se restringem aos atrativos naturais. Quer também conhecer a cultura local, o patrimônio histórico, vivenciar o dia-a-dia caboclo.

Ao mesmo tempo, a profissionalização leva à certificação, ao trabalho de normalizar e definir regras. Entre os programas de sucesso estão o "Pega Leve®", iniciado pelo Centro Excursionista Universitário da Universidade de São Paulo, que bem resume, em oito princípios gerais, as noções de respeito aos sítios naturais:

- Planejamento é fundamental
- Cuide dos locais da sua aventura
- Deixe cada coisa em seu lugar
- Respeite os animais e as plantas
- Você é responsável por sua segurança
- Traga seu lixo de volta
- Evite fazer fogueiras
- Seja cortês com outros visitantes e com a população local

Dois exemplos da falta de conscientização ambiental: pedra pichada como sinalização para camping e acúmulo de lixo deixado por turistas. Na página ao lado, prática de flutuação na Gruta da Pratinha, Chapada Diamantina (BA), exemplo de uso sustentável do patrimônio natural

A inclusão de portadores de necessidades especiais

"Há 12 anos comecei a manifestar os primeiros sintomas de uma doença neurológica chamada Ataxia Espinocerebelar (SCA 7), que afetou meu equilíbrio, a coordenação motora, fala e visão. No entanto, pratico esportes de aventura.

Sempre pratiquei esportes e viajava bastante. A partir dos primeiros sintomas, passei quatro anos achando que minha vida estava acabada para isso. Na mesma época, acompanhei o crescimento do ecoturismo e do turismo de aventura lamentando estar de fora das atividades que eu mais adorava. Foi então que descobri os esportes adaptados. Comecei a me recondicionar fisicamente em casa. Lembro-me que dos únicos 15 segundos que consegui pedalar na bicicleta ergométrica pela primeira vez. Depois de um ano, fiz rafting. Na seqüência, me apresentaram a escalada. Queria mais. Pensei então num salto de pára-quedas. Hoje sei que a verdadeira limitação está na mente e não no corpo.

Os esportes de aventura estimulam a auto-superação, o trabalho em equipe, o equilíbrio, a coordenação, a técnica e a coragem. Enfim, um desafio para o corpo e para a mente.

Ter novamente prazer com o corpo, por meio da atividade física resgata a auto-estima e inverte a imagem de piedade e negativismo carregada por uma pessoa com deficiência. Por isso, criei o projeto "Aventura Especial". Quero incentivar mais pessoas com dificuldades "aparentes" a ter uma vida normal e, principalmente, feliz. O ecoturismo e a prática de esportes na natureza, sem dúvida, são excelentes atalhos para encontrar esse estado de espírito."

Dadá Moreira é formado em direito e jornalismo e fotógrafo profissional

À medida que as pessoas exigem roteiros mais autênticos, natureza pouco alterada e novos locais, as agências se profissionalizam e, aos poucos, a imagem do mochileiro cede lugar a famílias em busca de conhecer o Brasil, grupos de jovens que querem ver o que os livros apenas lhes apresentam rapidamente.

Neste novo contexto, despontam os locais capazes de se organizarem e aliarem conhecimento e diversão com segurança. Entre os melhores exemplos estão os atrativos da Serra Fluminense, no Rio de Janeiro, de Bonito e o Pantanal, no Mato Grosso do Sul, de Brotas e o Vale do Ribeira, em São Paulo, e da Serra do Cipó, em Minas Gerais.

Ao lado, Dadá Moreira pratica rapel em Foz do Iguaçu (PR). Acima, corredores de aventura fazem arvorismo em Campos do Jordão (SP)

Além disto, o conceito mais moderno pressupõe que as populações envolvidas na conservação e na visitação controlada possam ser altamente beneficiadas pela atividade. Mais até, como não há praticamente uma única região despovoada do Planeta, a sua presença é a possibilidade de apresentar a cultura local tal qual ela ocorre. Vivenciar um dia na floresta tropical é tão importante para o visitante quanto conhecer a casa do caboclo que sobrevive naquele ambiente.

É nesse sentido que o ecoturismo se propõe a oferecer mais que uma mera apresentação da Natureza como espetáculo: eu aqui, ela lá. O conceito todo é oferecer experiências interativas, levar o visitante a participar do processo de cuidar da Natureza, de nutri-la, de acariciá-la, confortá-la no processo de trocas recíprocas com o ser humano. Não se propõe apenas o desfrute, o deleite de sua curiosidade, mas nutri-la de paixão, amor e compreensão.

Para alcançar tal visão o visitante terá que ser mais compreensivo, tolerante, buscar adaptar-se ao ritmo das coisas como ocorrem no local. Um visitante "acelerado" pelo dínamo da metrópole terá que buscar apaziguar seus ânimos, respirar fundo e encontrar o pulsar da Natureza que se propõe a conhecer. Só é possível apresentar esta experiência se houver esta pré-disposição, que poderá, inclusive, ser preparada, alertada, estimulada. O ecoturismo serve de "câmara de descompressão" de estresse, tal qual a câmara hiperbárica para o mergulhador de grande profundidade reencontrar o nível de pressão tolerável a seu organismo.

Os atrativos ecoturísticos buscam oferecer uma experiência integral ao visitante, com as mais diversas atividades. Para tornar esta experiência algo marcante e completa é preciso oferecer resposta às suas necessidades de alimentação, descanso, banho, sono, etc. É por isso que seu conceito de serviços é quase sempre "*all inclusive*", suprindo todas essas necessidades.

Os atrativos que realmente são ecoturísticos vão mais além, envolvem o visitante no dia-a-dia da comunidade local, esteja ela dentro da unidade de conservação ou ao seu lado. Assim, ao invés de simplesmente provar a tapioca no restaurante do hotel, a proposta é que o turista participe da experiência de arrancar a mandioca, tirar a casca e deixá-la de molho, ralá-la, secar no tipiti e colocá-la no tacho, seguindo todo o processo da forma tradicional mantida pela comunidade.

O atrativo deverá atender aos diferentes anseios do visitante e isso só será possível se for capaz de oferecer estímulos à sua imaginação e desafios ao seu corpo e ao seu equilíbrio emocional. A grande função é ultrapassar os limites da rotina, na qual o corpo, a mente e o espírito encontram-se protegidos numa redoma estéril e improdutiva, que uma mera mosca chega a perturbar.

Quantas vezes não nos deparamos com jovens irritados porque uma formiga veio incomodá-los? E quantas vezes não relegamos os mais velhos à condição de escanteio, ao determinarmos que eles não podem fazer isto ou aquilo porque já não têm mais capacidade física para tanto?

Todas essas barreiras devem ser quebradas com o ecoturismo. O jovem deverá reconhecer a Natureza como um local de surpresas. Ele deverá estar aberto a novas experiências, o que é fundamental ao seu caráter e à sua formação. Aos mais idosos, o contato com a Natureza os valoriza, estimula-os a prosseguir vivendo, não como meros adereços da sociedade, mas como seres capazes e completos. Em termos práticos, o ecoturismo oferece esses desafios por meio de pequenas provas no ambiente natural – pequenos obstáculos, calculados, monitorados. Estes desafios ocorrem ao estimular ora a ação, ora a contemplação. Ora a mesma trilha oferece um passeio de reconhecimento das forças da Natureza, ora é palco de uma pequena prova de caminhada ou de mountain bike. Ora a cavalgada busca a regularidade de um enduro eqüestre, ora oferece a beleza da paisagem circundante. Isto ocorre com os cursos d'água para a canoagem, a natação, o bóia-cross e assim por diante.

O ecoturismo serve como portão de entrada para a Natureza, como oportunidade para experimentar o novo, reviver o contato com o mundo natural perdido na metrópole. Uma oportunidade de reencontrar a própria individualidade, seja para buscar a paz interior e a meditação em sua visita à floresta ou para desafiar o corpo.

Trekking na Trilha das Sete Cachoeiras, em São Luís do Paraitinga (SP). Ao lado, um dia na praia deserta da Romana, em Curuçá, Belém

A aventura entra em jogo

Da contemplação e trilhas de fácil percurso, o ecoturismo buscou incorporar os desafios extremos, criando um ramal que se especializa a cada dia: o turismo de aventura e os esportes de natureza.

Primeiramente, a bicicleta ofereceu novos desafios, com a crescente sofisticação de equipamentos. A cavalgada é outro esporte que foi incorporado ao ecoturismo, o que oferece ao seu praticante a oportunidade de contemplar a paisagem a maior parte do tempo, uma vez que quando caminha ou pratica outra modalidade, é obrigado a prestar atenção onde os pés estão.

Entre as atividades aquáticas desenvolvidas estão o bóia-cross e o rafting, que ganham, crescentemente, o aprimoramento de técnicas e equipamentos que garantem maior emoção, segurança e permitem alcançar espaços naturais até então de difícil acesso.

Entre os esportes que utilizam as árvores como suporte, entre os mais populares estão o arvorismo e os circuitos de diversas atividades. A partir do montanhismo também se criam novas modalidades, como o cascading.

O mundo das cavernas propiciou diversas modalidades de espeleoturismo, desde as mais radicais, envolvendo mergulho com cilindro de oxigênio em cavernas com água, como em Bonito (MS), até a contemplação de formações calcárias, como no Vale do Ribeira (SP).

Estes novos esportes, que a cada ano se desdobram em novas modalidades, criam legiões de praticantes ávidos por cenários para suas atividades, tanto no Brasil como no exterior. Ainda que falte regulamentação a essas novas modalidades, é a demanda que define seus interesses e obriga as autoridades a definir as regras ambientais e de apoio ao consumidor.

Roberta Nunes (1972-2006), uma das maiores escaladores do Brasil, no Morro do Anhangava (PR), 2004. Ao lado, canoístas na Chapada dos Veadeiros (GO)

Sequência de descida na cachoeira da Fumaça, no Portal do Jalapão (TO).

Com os esportes, surgem escolas nas grandes cidades para preparar as pessoas. Em alguns casos a certificação é obrigatória. Elas surgem paralelamente às academias de ginástica, à concentração das pessoas em metrópoles, demonstrando ser o ecoturismo uma verdadeira válvula de escape para o dia-a-dia urbanizado.

Ao oferecer novas opções e atrativos, o turismo de aventura cresce rapidamente, em resposta às demandas do consumidor. Segundo Rita Mendonça este se baseia: no princípio básico da conservação ambiental – pela preocupação com o impacto deixado pelo lixo durante a atividade realizada; no princípio do envolvimento social – por meio da troca cultural, que acontece, por exemplo, com a captação de moradores locais para atuarem como monitores e guias, servindo posteriormente de agentes multiplicadores; no princípio da conscientização ambiental – pela interpretação e interação com o meio, e pela busca da sustentabilidade no uso dos seus recursos. Esses princípios podem ser aplicados em diferentes públicos, de diferentes formas.

Segundo Paul Dale: *"O ecoturismo representa hoje, então, bem mais que uma opção técnica em como se explorar turisticamente os recursos naturais. Em alguns casos, presentes pelo mundo todo, o ecoturismo passou a ser um estilo de vida, e não apenas uma boa forma de ganhar a vida[15]".*

A partir deste pensamento, observamos que os esportes de natureza associados ao ecoturismo apontam, neste inicio de século, para novas tendências, relacionadas principalmente à oportunidade de vivenciar novas experiências – uma viagem de balão, um mergulho no fundo do mar, na expedição de dias por altas montanhas, na qual a presença humana é insignificante. A satisfação passa a estar na concretização de seu sonho, algo que extrapola o estado físico de todos nós, envolvendo sentimentos, bem-estar, e realizações enquanto seres humanos.

Acima, praticantes de arvorismo em Brotas (SP); ao lado, canoístas em expedição pela Serra da Bocaina (RJ).

CID 6506

Aliados históricos

Na recente história do ecoturismo no Brasil, organizações sem fins lucrativos e associações ambientais se tornaram agentes fundamentais, como expressam Andréa Rabinovici e Carolina Lavini.

"Assim como algumas agências pequenas, as ONG's acabam se preocupando com todos os detalhes que tornam coerentes os discursos e as práticas em ecoturismo, o que não permite que as pessoas, num momento de diversão e de novas experiências permeadas de propostas educacionais e transformadoras, retornem aos seus lares da mesma maneira como viajaram, e sim renovadas e sensibilizadas[16]."

Uma das ações pioneiras foi a criação da Ecobrasil, no início da década de 1990 e, a seguir, em 1995, do Instituto de Ecoturismo do Brasil – IEB[17], este último com atuação marcante por cerca de uma década. O IEB reuniu o setor em quatro congressos nacionais e propôs uma definição para a atividade:

"Ecoturismo é toda atividade turística realizada em meio natural, que incentiva a conscientização ambiental e o envolvimento das comunidades locais."*

No trabalho de incentivo à maior acessibilidade, a organização Aventura Especial assumiu a missão de incluir as pessoas com deficiência física e mental em atividades de ecoturismo e esportes de aventura e conscientizar empresários da indústria a adaptar seus estabelecimentos, destinos e atividades para receber esse turista especial.

A Associação Férias Vivas, cuja missão é ampliar a consciência da segurança e minimizar a ocorrência de acidentes no turismo e no lazer, permitiu, em parceria com o Ministério do Turismo, capacitar inúmeros técnicos e criar materiais de apoio e códigos de conduta tanto ao turista quanto ao prestador de serviços.

Um dos setores que recentemente se organizou foi o turismo de base comunitária, a partir dos dois seminários de turismo sustentável realizados no Ceará, e das experiências pioneiras da Prainha do Canto Verde (CE), da Rede Cearense de Turismo Comunitário, do Projeto Bagagem (PA e BA), do ecoturismo de Mamirauá e Silves (AM), entre outras iniciativas.

O turismo de base comunitária, crescentemente, apresenta-se como uma das alternativas para o entorno de unidades de conservação e onde é marcante a presença de populações tradicionais.

Por fim, merece menção a tendência de certificação do ecoturismo a partir de experiências internacionais, como a dos setores da madeira, do café e da banana, como proposto pela Rain Forest Alliance e o Comitê Brasileiro para o Turismo Sustentável.

No entanto, nada substitui a experiência pessoal do visitante a um espaço natural. Como propõe Rita Mendonça e Zysman Neiman: "a grande maravilha, a verdadeira mina de ouro, é a experiência pessoal que se tem no contato com a Natureza. Essa experiência não é transferível. Ela é de uma amplitude tal que não pode ser traduzida em palavras". Assim, "numa viagem de ecoturismo podemos questionar sobre o que é de fato necessidade, segurança, conforto. Um viajante aplicado pode surpreender-se com suas próprias respostas[18]."

Montanhista contempla a vista do alto do Pico dos Marins, na Serra da Mantiqueira (SP)

Aventura

sustentável

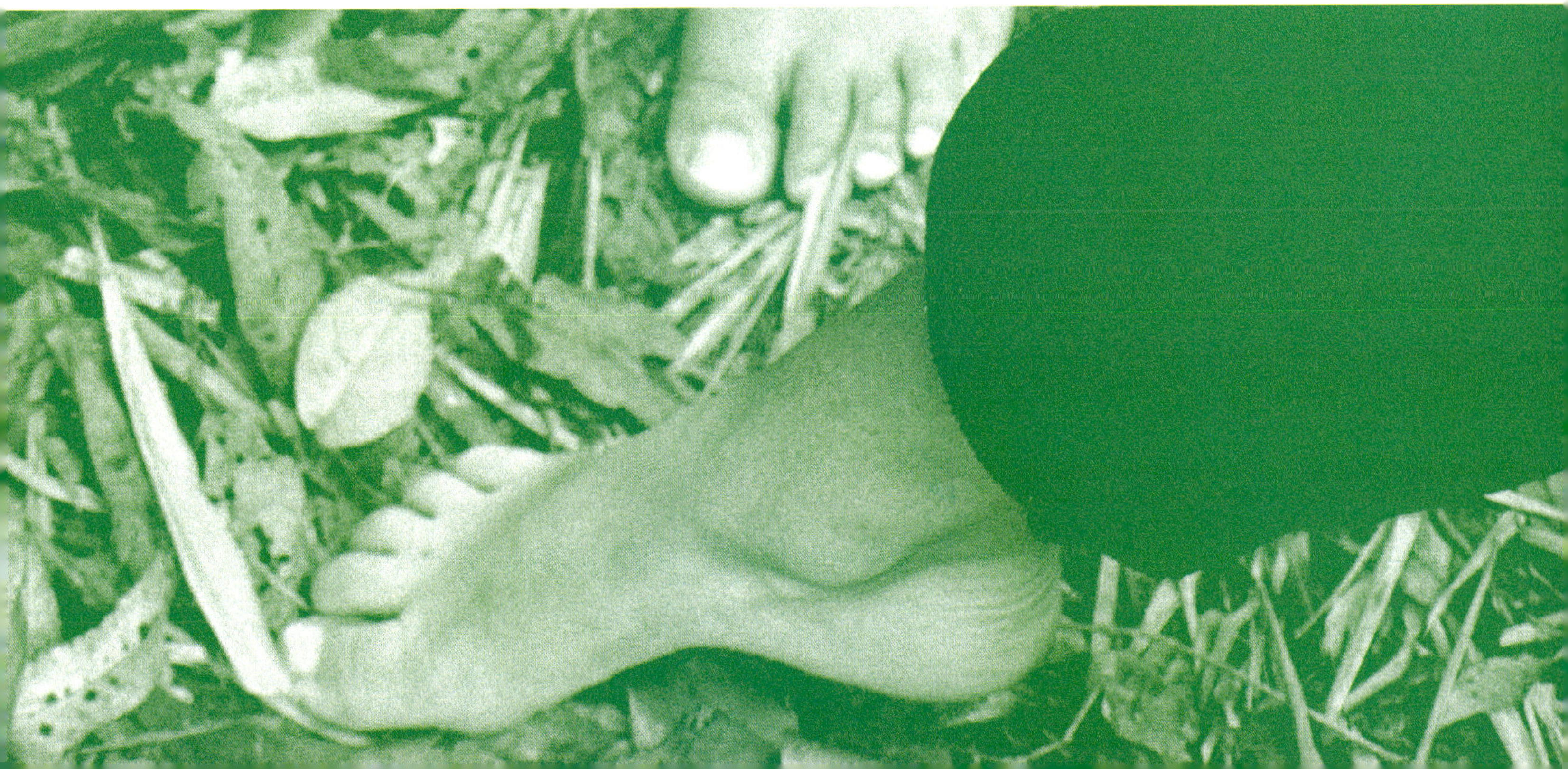

Um caminho de transformação pelas ações socioambientais

Vivemos em um mundo cheio de beleza e encantos. Não existe fim para as aventuras que podemos ter se as procurarmos com os nossos olhos abertos."
(Jawaharial Nehru)

A sustentabilidade é o tema que percorrerá as próximas décadas em busca de significado, como marco divisor entre as culturas que sucumbirão e aquelas que resistirão.

Embora as preocupações ambientais tenham surgido nos anos de 1950 e 1960, e se afirmado, de maneira mais proeminente e decisiva nas duas décadas seguintes, 1970 e 1980, o maior ganho ao movimento ambientalista foi o reconhecimento da impossibilidade de se dissociar questões ambientais daquelas sociais.

Ação de reciclagem entre atletas durante corrida de aventura

Inicialmente, os projetos ambientais se dedicavam a salvar espécies, principalmente espécies-bandeira (*flag species*), como se costumou dizer: as baleias, as tartarugas, os ursos panda etc. Tratam-se de ícones de fácil identificação, que nos tornam felizes quando os reconhecemos: eles parecem pertencer ao nosso imaginário de um planeta viável.

Muitos incautos ainda se preocupam com a Natureza como se fosse um zoológico, esquecendo que os zoológicos estão inseridos em cidades, e praticamente todas as cidades são ambientes não-sustentáveis.

As espécies-símbolo ou bandeira, não vivem em redomas, protegidas: elas fazem parte do mundo real. De que adiantam os programas que protegem milhões de tartarugas da extinção se os oceanos que as acolhem não lhes propiciam um ambiente adequado para seu livre movimento e sua propagação?

Se muitos acreditam que existem mesmo estes "paraísos terrestres" que os filmes sobre natureza mostram, em contraponto, o dia-a-dia dos países em que estes "paraísos" se encontram, a começar pelo próprio Brasil e suas "Amazônias", demonstra a precariedade dos sistemas culturais e naturais em que vivemos e das teorias pelas quais nos guiamos.

Em um segundo momento, percebe-se que somente a conservação de áreas representativas garantiria a sobrevivência de uma espécie (e daquelas que lhe são associadas). Uma onça pintada, por exemplo, necessitaria de pelo menos 200 mil hectares para garantir a sua livre circulação, acasalamento e perpetuar a sua espécie, e ainda, careceria de áreas maiores para garantir a necessária diversidade genética a longo prazo.

Se as iniciativas ambientais resultaram na criação de áreas nas quais o homem não deveria ingressar, unidades de conservação nas quais a "civilização" não poderia co-existir com o ambiente "natural", a década de 1980 se incumbe de demonstrar quão inexeqüível é esta hipótese. Em boa medida, o estado crítico de biomas brasileiros, especialmente da Mata Atlântica, da Região Costeira, do Pantanal e determinadas parcelas do Cerrado, Caatinga e da Amazônia, só não apresenta grau ainda maior de destruição graças às populações tradicionais que ali vivem há séculos, senão milênios.

Esta constatação demorou tanto tempo para ser compreendida, em boa parte, pela dificuldade do movimento ambientalista, da academia e de outros setores da sociedade em reconhecer o papel das populações tradicionais na conservação destes biomas.

Para preservar a Natureza, é preciso amá-la

Se Chico Mendes e tantos outros deram a sua vida para defender a sua gente e seu modo de interagir com os meios naturais, o seu maior legado será provar aos defensores de um meio ambiente preservado que é possível, a partir de um conjunto negociado de regras, garantir a sobrevivência de grupos tradicionais e, ao mesmo tempo, do meio ambiente, em condições minimamente saudáveis. Ou seja, vinte anos após a morte de Chico Mendes, a Amazônia só não perdeu 40% de suas áreas porque, entre outros fatores, há dois milhões de pessoas entre índios, quilombolas e populações tradicionais (castanheiros, seringueiros, pescadores e pequenos agricultores) que vivem em áreas em razoável estado de conservação, sejam estas declaradas unidades de conservação ou não, e que lutam com a própria vida por suas terras.

É o Brasil que assume a liderança mundial ao reconhecer os direitos dos povos tradicionais, além dos indígenas, a seu território, o que resulta neste marco da cultura mundial que é a Reserva Extrativista e seus derivativos como a Reserva de Desenvolvimento Sustentável. Nessas unidades de conservação, a propriedade é da União ou do Estado, ou mesmo do Município, mas a posse é cedida em comodato a populações legitimamente tradicionais.

Alguma semelhança será encontrada nas unidades de conservação criadas na Europa, como o conceito de Parque Natural de Portugal e da França, embora estes se aproximariam mais do que no Brasil se denominam as Áreas de Proteção Ambiental – APAs, por ser permitida a propriedade particular.

Naturalmente, no Brasil, há leis que "pegam" e leis que "não pegam", outra "inovação" cultural brasileira. Boa parte das unidades de conservação do país (e das terras indígenas e quilombolas) continua no papel, sem que seja possível garantir a sustentabilidade para essas áreas e seu entorno. Há correntes conservadoras que sugerem que uma vez que a lei que as criou "não pegou", não se justificaria a sua manutenção.

É neste sentido que o ecoturismo, as vivências ambientais e os esportes de natureza se constituem em uma ferramenta para "ocupar" esses territórios de direito, demonstrando a importância de conservar os recursos naturais, especialmente a água e, igualmente, como forma de garantir a sustentabilidade financeira das populações tradicionais envolvidas.

Se esta parece uma discussão árida e retórica, ela é a base da nova cultura da sustentabilidade. Até o reconhecimento do direito "cultural" à posse de uma propriedade do Estado, as questões ambientais e sociais caminhavam em vias distintas, ou seja, populações tradicionais não teriam direito ao território que habitam e onde exercem sua cultura.

Se a palavra da vez foi o desenvolvimento sustentável na década anterior, agora é a vez da sustentabilidade, e seu princípio em nada se altera. Aliás, diante do reconhecimento da capacidade humana em interferir no clima global, é ainda mais fácil compreender o que é sustentabilidade, na medida em que sustentáveis são as ações que garantem um clima igual ou melhor a nós mesmos (e não às próximas gerações como definia a Comissão Brutland, de 1987, a Comissão das Nações Unidas para o Desenvolvimento Sustentável, na qual o desenvolvimento social, econômico e cultural deve atender às exigências do presente sem comprometer as necessidades das gerações futuras).

Uma aula ao ar livre com estudantes no Parque das Neblinas, Bertioga (SP)

O papel da Educação Ambiental

Em 1975, a Conferência Mundial Intergovernamental sobre Educação Ambiental reunida em Tbilisi, capital da República da Geórgia, conclui pela recomendação de aplicação da Educação Ambiental não como disciplina autônoma, e sim plenamente integrada às demais disciplinas, não se limitando às matérias de cunho ambiental – à biologia, às ciências naturais ou à geografia.

A Conferência enfatiza a importância de se discutir o assunto de maneira mais ampla, incluindo-o nos programas escolares de todas as áreas de conhecimento, visto que todas apresentam como objetivo principal a preparação do homem para viver em sociedade e para co-habitar o Planeta com os demais seres vivos.?

Segundo a Declaração de Tbilisi, os objetivos da Educação Ambiental estão centrados nos seguintes aspectos:

- Promover a consciência crítica, propiciando a adoção de novos valores;
- Fornecer os conhecimentos técnicos que levem à mudança de atitudes e comportamento frente ao meio ambiente;
- Desenvolver habilidades e aptidões voltadas para a resolução dos desafios ambientais;
- Possibilitar a participação dos grupos sociais e dos indivíduos na gestão do meio ambiente.

Vivência na mata: vendados, estudantes aguçam outros sentidos, no Parque das Neblinas

Isso porque está cada vez mais evidente que não deixaremos às próximas gerações o desafio "cultural" de adaptação ao novo clima. Hoje o slogan seria muito mais próximo do "mudo eu ou muda o clima" do que o contrário, quando o homem acreditava poder fazer da Terra o que imaginava.

Neste contexto, é justo comentar que os proprietários de terra no Brasil, ou simplesmente os invasores, crêem-se donos da água, dos pássaros, das árvores e de tudo que está a seu alcance, numa cultura de rapina que se perpetua há cinco séculos, valendo o ditado "antes que um aventureiro lance mão", pelo qual o direito privado prevalece sobre o público.

Se o Brasil foi capaz de desmatar 75 milhões de hectares na Amazônia – uma área correspondente a toda a região Sul somada a São Paulo, Rio de Janeiro e Espírito Santo, em menos de 40 anos – apenas em troca de alguns quilos a mais de carne barata na mesa do brasileiro, a "cultura da destruição" demonstra que pode, nas próximas quatro décadas, eliminar não "apenas" 20% da Amazônia, como o fizera até o momento, e sim a sua quase totalidade, como comprova o "sucesso" alcançado no caso da Mata Atlântica. São Paulo que se arvora "o Estado desenvolvido" do Brasil, transformou em cinzas a sua Mata Atlântica que cobria mais de 80% de sua área.

A cultura que encontramos nos ambientes naturais da Mata Atlântica, dos Pampas, da Região Costeira, ou seja, dos biomas mais destruídos e alterados, e portanto, "aculturados", é a cultura da resistência. Quem é o caiçara de Paraty senão "o forte" como queria Euclides da Cunha em seu magistral "Os Sertões", quando revela, pela primeira vez na imprensa, a verdadeira face do coronelismo e do Estado brasileiro em Canudos? Quem é o gaúcho senão o sobrevivente dos Guarani? E, quiçá, o pantaneiro do Coxipó, senão os remeiros temidos Paiaguá ou os cavaleiros Guaicuru nos mares de Xaraé? Quem será então o beiradeiro do rio Tocantins ou caipira de Sorocaba, em São Paulo?

Da mesma maneira, as culturas indígenas que hoje conhecemos na Amazônia não são aquelas que Francisco de Orellana, o primeiro militar europeu (espanhol) vislumbrou em 1541. Mais de noventa e cinco por cento das Nações Indígenas, e suas populações, ou seja, das culturas da floresta tropical, da Amazônia, que se acumularam (e se sucederam) por dez mil anos, foi destruída com o grande choque da chegada dos europeus, obra esta praticada principalmente pelos vírus da gripe, do sarampo e da catapora, doenças que a Europa já superara há séculos, e não apenas resultante da sina escravagista ou dos trabucos e bacamartes, ainda que afoitos, destes irreverentes ibéricos.

O grande aprendizado que a globalização e o aquecimento global nos oferece é o rápido empobrecimento cultural do Planeta. Se a Amazônia ainda possui 400 povos distintos, dos quais 280 no Brasil, é porque não foram acossados pela pata do boi e o arame farpado, como o foram as culturas da Mata Atlântica ou da Caatinga. A Amazônia possuiria mais de 50 grupos indígenas não contatados, algo incompreensível nos dias em que satélites, aparelhos de GPS e todo o tipo de traquitana espacial e voadora povoam os nossos céus.

Ação social com a comunidade local
durante corrida de aventura

Pois é a cultura, aparentemente "primitiva", de um ribeirinho ou de um ervateiro com a qual se defrontam os novos "astronautas", vestidos para os esportes de natureza, o ecoturismo e as modalidades urbanas que nos posicionam, frente a frente a modos de vida distintos que convivem no mesmo espaço.

O grande desafio dos projetos socioambientais é pedir licença ao caboclo para entrar em sua casa, para fotografá-lo, para registrar os nossos momentos (e como será este momento para ele?) sem que precisemos estar vestidos com uniformes que os fariam pensar que estão recebendo a visita de soldados norte-americanos que vão ao Iraque, imagens que povoam as supertelas de seus televisores.

Se ainda existe uma minoria daqueles que não compreendem a presença humana nas unidades de conservação, um número crescente de lideranças dos movimentos ambientais e sociais reconhece que somente a presença de populações tradicionais no entorno ou dentro das unidades de conservação representam, possivelmente, a sua principal condição para resistir ao avanço da cultura da destruição. Tal destruição domina a cultura planetária, pois a sustentabilidade é ainda vão discurso. Tal destruição necessita de ambientes limpos, queimados e destocados, calados e arados para exercerem a sua monocultura.

O ecoturismo e os esportes de aventura representam aquele encontro improvável, como se duas espécies se unissem em prol de uma causa: a sua sobrevivência e a do Planeta. É pois no ecoturismo que reside uma parte das possibilidades de dar sentido econômico à vida cabocla das populações tradicionais. Os projetos socioambientais seriam o primeiro olhar, o primeiro encontro, a manifestação do bem-querer para anunciar a chegada de um outro caminho.

Seu reconhecimento não é fácil nem imediato. Ouvir o outro é questão de aprendizado, de sentar, de cócoras, e observar – impossível na pressa urbana que apenas reproduz a urbe ao repetir seus gestos metálicos e nervosos e pouco práticos de entregar pacotes de livros, remédios ou cestas básicas cruas. Mais que objetos, as pessoas querem histórias e compreender os porquês das coisas e das trajetórias de vida.

Esta é a essência deste encontro improvável permeado de "projetos socioambientais": uma troca de presentes pela qual se busca conhecer o outro, ouvir o outro, tirar da invisibilidade aquelas populações que foram marginalizadas nos cinco séculos de colônia, pois para o caboclo pouca diferença há entre o pecuarista moderno e o militar português do século XVIII, arrogantes, ignorantes e violentos.

Talvez o que entendamos por "projetos socioambientais" – a nossa forma de ver o mundo ou a suas efetivas necessidades – não soe da mesma maneira para as populações supostamente beneficiárias – a quem eles saciam?

Se é louvável a atenção crescente que os projetos socioambientais recebem nas viagens de ecoturismo ou de esportes de natureza, é verdade que estes ainda sofrem de uma visão distorcida do que seja responsabilidade social, sustentabilidade, negócios inclusivos, comércio ético e solidário e tantos termos que hoje povoam o glossário dos modernos tempos.

Protesto contra a poluição do rio
Tietê, em São Paulo, 2007

Encontros felizes

Dois exemplos de integração entre atletas e comunidade envolvendo Nações indígenas ocorreram em uma etapa do Circuito Adventure Camp: a primeira em outubro de 2005, no litoral de São Sebastião, pioneira ao contar com a participação da Nação Guarani; e a segunda, na etapa do Circuito Brasil Wild, em abril de 2008, envolvendo os Pankanaré. Em ambas as corridas de aventura, os organizadores priorizaram a participação dos índios, convidando-os a colaborar na escolha de trilhas e caminhos possíveis para os atletas percorrerem durante os eventos, usando monitores de ecoturismo dos próprios grupos – no caso dos Guarani –, como membros da organização e pessoal de apoio, além do envolvimento cultural, seja nas apresentações de músicas típicas para os atletas durante o *briefing* que antecede o evento, como na valorização do seu artesanato, por meio da adoção de suas esculturas em madeira produzidas como troféus da competição. Naturalmente, trata-se de pequenas ações, breves e pontuais, que no entanto, estarão para sempre impressas na memória de cada atleta, índio e colaborador.

Os projetos socioambientais passam a ter sentido no momento em que garantem voz e vez às populações marginalizadas, e não cabe a nós definir o que é a ausência, e a carência, e a insegurança, seja esta alimentar, material, educacional e de que natureza for. Quem define o que lhes importa são as populações interessadas.

Assim, provavelmente, há que se garantir o espaço e o tempo necessários para que esse diálogo ocorra, e o melhor projeto socioambiental seja aquele construído, de maneira participativa, e no tempo do outro, ou no tempo do encontro das civilizações que se olham.

Por quê, ao nos recordarmos de uma determinada viagem, o que nos remanesce é aquele caldinho-de-feijão na mais humilde das casas, onde seus grãos são contados à mão, entregue em uma cuia de casca-de-coco; e não o hotel luxuoso, a praia exclusiva, o jipe-fora-de-estrada ou o banquete da ceia de natal?

Se há muitas respostas possíveis, seria minimamente satisfatório aceitar que o maior aprendizado da viagem é receber um presente tão singelo e tão franco, efetivamente compartilhado, oriundo de uma cultura que está tão próxima da nossa e, até aquele momento, não a reconhecíamos como legítima. Em que medida os nossos projetos socioambientais representam efetivamente "tirar algo de mim", "dar-me", "compartilhar", "dividir" e não apenas mais uma obrigação que nos isola ainda mais do outro?

O maior projeto socioambiental é aquele impresso na alma, como lição de vida para ambos os interlocutores, aquele ponto de encontro entre civilizações em choque, fruto do diálogo e não do monólogo.

Recorrendo a Hans Magnus Enzenberger, em A Outra Europa, ele percebe que uma base aérea de jatos militares supersônicos postava-se ao lado de aldeias "medievais", em Portugal. Destarte, não eram as curvas de nível ou as cercas elétricas que os separavam e, sim, as linhas do tempo, invisíveis e incom preensíveis; séculos os separavam, que Enzenberger denomina de "isocronos".

Muitas vezes nos vemos postados, hiperaparelhados e açoitados por sonhos de aventura, diante de um personagem saído de um conto de Guimarães Rosa ou de Inglez de Souza, incapaz de compreender o que lhe dizemos, não porque falamos palavras distintas, e sim porque muitos séculos, muitos isocronos, de aspirações e expectativas nos separam, e as palavras pesam de maneira diferente em nossas mentes.

Para derreter os isocronos da indiferença, para terminar, de vez em sempre com os séculos que nos distanciam, basta ouvir, reconhecer, aceitar, perceber, olhar. Este é o projeto socioambiental que nenhum aparelho saberá medir ou perceber, nenhuma mochila carrega, nenhuma carreta de caminhão leva. Braços abertos bastam para receber e dar.

Claro que a nova cultura da floresta tropical não nos pede para viver como os povos originais. A responsabilidade do Brasil é ainda maior quando é em seu território que se encontra a maior área de florestas tropicais do Planeta.

O que hoje mais atrai as populações tradicionais é a oportunidade de um salto qualitativo, sustentável, de séculos, que possa ser aprendido e realizado em alguns anos. É pular do século XVIII em que estão presos os peões de gado do Marajó, diretamente ao século XXI; ou seja, aliando de maneira barata e simples a energia solar, o telefone celular, e os conhecimentos sobre o que é bom ao Homem e ao Planeta aos maravilhosos conhecimentos deste caboclo que sobrevive aos extremos da linha do Equador.

Será que os homens (e mulheres) fisicamente mais preparados para as corridas de aventura mais extenuantes e tão acostumados a ler as curvas de nível dos seus mapas de navegação, não serão capazes de, igualmente, se acondicionar a enxergar os espaços culturais que as curvas de isocronos criam em nosso derredor? O que será então o nosso projeto socioambiental? O nosso projeto de vida?

Se os projetos socioambientais presentes nas iniciativas de ecoturismo, vivências ambientais e esportes de natureza começam buscar, cada vez mais, maneiras de serem representativos e significativos, isso indica que há um largo caminho a percorrer. Podemos entender o que se realiza atualmente como uma pré-disposição em busca de um outro significado para as atividades, como a tentativa de abrir um diálogo, de agir de maneira pró-ativa. Sob outro ângulo, é sempre positivo fazer algo ao invés de nada fazer, especialmente quando esta atitude provoca indivíduos, organizações públicas e privadas a agirem ou, até mesmo, a simplesmente se manifestarem, e cujos resultados extravasam para a vida das pessoas em seu dia-a-dia.

Na etapa da Expedição Chauás de Corridas de Aventura, na cidade de Ilha Comprida, litoral sul de São Paulo, a comunidade do bairro de Pedrinhas foi envolvida em um projeto desenvolvido em duas etapas. A primeira, na semana anterior à competição, contou com a parceria da Universidade Metropolitana de Santos – UNIMES, em ações com médicos e professores para promover palestras de saúde, aproveitamento de alimentos, transformação de lixo em brinquedos, além de gincanas, jogos e cinema infantil à noite.

A segunda envolveu os atletas, que doaram cestas básicas para a Associação de Moradores de Pedrinhas, responsável por distribuí-las entre as famílias carentes do bairro e, em contrapartida, durante o almoço de confraternização foram agraciados com a apresentação de danças folclóricas, o Fandango Caiçara.

No mesmo ano, em 2008, a organização da Brasil Wild Extreme, corrida de aventura realizada entre os Estados da Bahia, Sergipe, Alagoas e Pernambuco, realizou outro tipo de ação: neutralizou suas emissões de carbono, além de receber o reconhecimento pelo IBAMA. Foram contabilizadas 61 toneladas de CO_2 emitidas com o evento e seqüestradas com o plantio de 1.200 mudas de árvores na reserva florestal "Carbono Verde", localizada na cidade de Natal, RN.

Como seres humanos sabemos que o processo cultural de assimilar o discurso antecede o da prática efetiva. Além disso, o processo de dizer o que será realizado apresenta-se, usualmente, de uma maneira maior e mais enfática que a própria prática, especialmente em uma cultura expansiva e verbal como a brasileira. Se a quem apresenta insegurança alimentar moderada a grave (o nome moderno para "fome"), uma cesta básica representa uma resposta imediata e concreta, é preciso ficar claro que não se trata de uma atitude sustentável, uma vez que a insegurança alimentar se repetirá a partir do termino de tal cesta.

A mudança cultural ocorre na medida em que surge a oportunidade para as populações tradicionais pularem muitos isocronos de uma só vez, sem perder as características que o distinguem, e lhe garantem auto-estima, enquanto quilombolas, Tembé, Kaa Por, ou enquanto marisqueiras e quebradeiras-de-coco-de-babaçú.

A sustentabilidade muda a maneira das pessoas verem o mundo. Sustentável é ser outra pessoa após um evento de ecoturismo, aventura ou o que seja o resultado desse encontro. A sustentabilidade é mudança cultural profunda, é reaprender-se enquanto ser no espaço e no tempo e, conseqüentemente, enquanto parte do meio ambiente.

Acima, moradores locais observam corredores de aventura durante competição. Ao lado, o trabalho de aproximação dos jovens com a Natureza, feito pelo Instituto Ecofuturo

Se há na sociedade muitas organizações que abusam destes termos, é pela sua insegurança e incapacidade de se enxergarem como instituições, o que as posiciona num patamar inferior ao que poderia ser chamado de instituição.

Certamente o ecoturismo, as vivências ambientais e os esportes de natureza permitem esta oportunidade (de contato de primeiro grau com a Natureza), de maneira gentil, graciosa e convidativa, pois a natureza, como espelho de nossa alma, é o espaço que, na medida que o aceitemos como tal, é cem por cento cultural, pois este é o reflexo do que imaginamos (e idealizamos) como a Natureza.

A presença de populações tradicionais neste espaço, ao contrário do que alguns preferem opinar, é a demonstração da possibilidade de convivência do Homem com um ambiente aparentemente hostil. É a sua guiagem (do caboclo), e não a do cientista que fala latim com as árvores e os pássaros (ao nomeá-los) que torna interessante, única e reveladora a experiência. Se ao quinto nome latino já teremos esquecido o primeiro, jamais esqueceremos os olhos marejados de um pescador que nos mostra onde ele nasceu.

Vivência ao ar livre. Acima, corredores de aventura plantam mudas, como ação ambiental. Ao lado, a prática de canoagem no Parque das Neblinas, em Bertioga (SP)

Mínimo impacto na natureza

O esporte de aventura se propõe, sempre que possível, a levar o atleta a lugares com paisagens de rara beleza. No entanto, quando analisamos os conceitos de mínimo impacto, observamos que a interação entre Homem e Natureza deve acontecer segundo regras estabelecidas. Este é o conceito de "capacidade de carga", ou seja, a definição do numero de pessoas, ou de equipamentos em determinado espaço sem que este sofra danos irreparáveis.

Durante o mapeamento e levantamento do percurso de uma corrida de aventura, por exemplo, os organizadores devem se preocupar com a escolha dos caminhos da prova, de acordo com a modalidade a ser realizada. Um dos exemplos é que um grupo de atletas pedalando em uma trilha (*single trek*) no meio da mata pode significar abrir excessivamente a trilha que pode se tornar o caminho da enxurrada e criar erosão indesejada.

Assim pensa Francisco Perez, corredor e organizador de corridas de aventura: "As ações previamente planejadas com especialistas são a base para o desenvolvimento e viabilização da utilização contemplativa, cientifica ou esportiva das áreas protegidas."

Na primeira corrida realizada no Parque das Neblinas, a prova permitiu compreender melhor os aspectos relacionados aos impactos ambientais e a capacidade de carga do local. Para Paulo Groke, gerente de Projetos Ambientais do Instituto Ecofuturo, a ONG responsável pela administração do Parque, "o resultado foi bastante animador, revelando que um planejamento conjunto detalhado pode viabilizar provas em áreas protegidas, proporcionando também benefícios à comunidade do entorno".

Na medida em que compreendemos que o esporte é um dos melhores instrumentos para a promoção da qualidade de vida, e que este encontra-se diretamente relacionado à saúde ambiental e das populações dos ambientes onde este praticado, os esportistas se tornam ferrenhos ambientalistas e agentes de transformação social.

Equipamentos

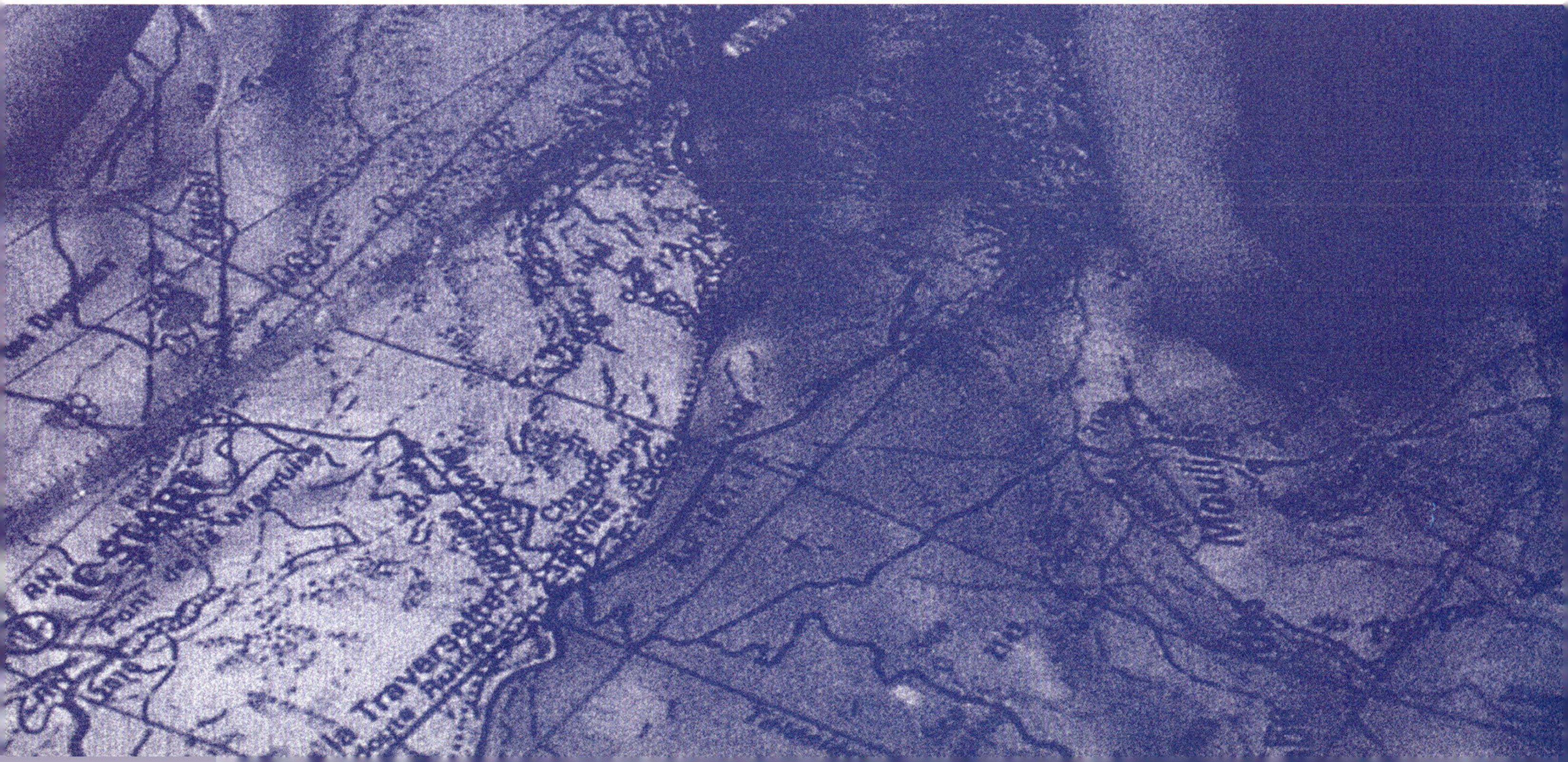

Instrumentos de evolução, inclusão e superação

"Dê-me uma alavanca e um ponto de apoio e levantarei o mundo."
(Arquimedes)

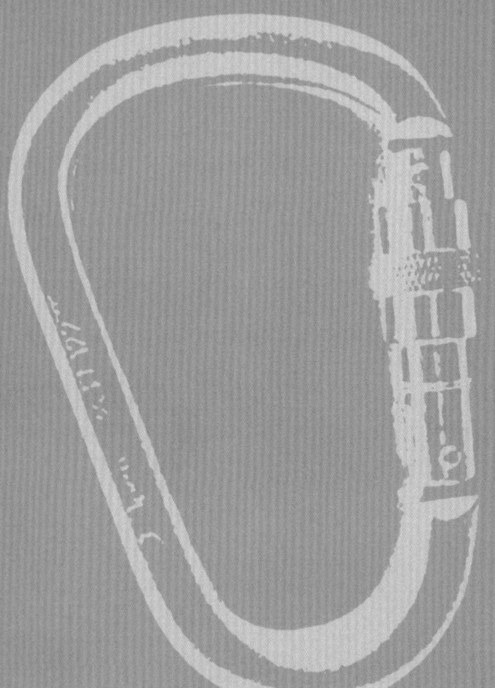

O desejo de estar mais próximo da Natureza ganha adeptos a cada dia, seja para recompor as energias vitais ou para olhar e sentir o mundo de outras maneiras. As diferentes modalidades de esportes ao ar livre e o ecoturismo têm sido a porta de entrada para a vivência dessas experiências, e elas começam no primeiro contato com os equipamentos de segurança, um dos momentos mais divertidos e que logo une as pessoas. Graças a eles, as atividades se tornam possíveis.

Na verdade, os equipamentos podem ser divididos em obrigatórios e complementares. São obrigatórios aqueles sem os quais a atividade não pode ser realizada, seja em função da viabilidade de execução, como as bicicletas para o mountain bike, ou da segurança para o seu praticante, como o para-quedas no base jump. Este, aliás, é um dos exemplos de esportes que foram criados em função dos equipamentos.

Os complementares são aqueles desenvolvidos para proporcionar conforto, melhorar o rendimento e prolongar a duração das atividades. Principalmente para o esportista ou aventureiro iniciante, os novos equipamentos significam novas visões: a capacidade humana de se aventurar na Natureza expande-se em progressão geométrica, a partir de novos materiais, equipamentos mais leves e resistentes, veículos de melhor aerodinâmica. Entre aqueles que mais sofrem inovações, estão os tecidos. Tecidos que protegem nosso corpo, que nos abrigam na noite fria e chuvosa, que inflam as velas.

Bússola e mapa são usados para a navegação durante corrida de aventura

5060
5059
MAP 3

Evolução dos tecidos

As fibras naturais – extraídas da natureza – são conhecidas e empregadas por inúmeros povos originais há milênios. Nas regiões frias as fibras animais – a lã, a seda e as peles – são usadas para proteger o corpo. As fibras vegetais, por sua vez, respondem por boa parte das coberturas de casas, amarrios e utensílios domésticos de praticamente todas as culturas materiais conhecidas até o advento do petróleo.

O algodão, a fibra vegetal mais empregada no planeta, quando seco, propicia agradável sensação em contato com a pele. No entanto, quando molhado, perde sua capacidade de isolamento térmico e é capaz de absorver muitas vezes o seu peso em água, exigindo longo tempo para secar.

A seda, produzida pelo bicho-da-seda, é conhecida na China há pelo menos 20 séculos. É macia, resistente e capaz de reter menos umidade que o algodão.

A lã de ovinos, caprinos, bovinos, bem como de animais não domesticados – como a alpaca e a llama na America Andina –, e, até mesmo, crinas e rabos de eqüinos, por sua vez, é reconhecida desde os primórdios da civilização humana por seu poder de retenção de calor.

Os primeiros alpinistas alcançaram os pólos e as grandes montanhas, como o Everest, graças à lã, que absorve cerca de 30% de seu peso em umidade, antes de transferir ao corpo a sensação de encharcamento. Entre suas propriedades está a de, mesmo molhada, garantir o aquecimento do corpo.

Outras partes de animais foram aprimoradas para o isolamento térmico e o conforto, como é o caso das plumas do papo de gansos e penas de outras aves (patos, avestruzes, galinhas etc.).

Os materiais sintéticos ainda não substituíram os produtos de origem animal, por exemplo, na forração de sacos de dormir e roupas para montanhas, capazes de suportar altitudes de 8.000 metros. As

plumas estão entre os materiais com a melhor capacidade de isolamento térmico, aliada à propriedade de suportar a compressão. Um dos seus incovenientes relaciona-se à umidade. Uma vez molhadas, as penas e plumas perdem a propriedade de isolamento térmico. Assim, usualmente, são empregadas em climas secos, ou protegidas por tecidos isolantes. Para fins domésticos, as penas e plumas continuam a ser empregadas nos locais de clima frio como cobertores, conhecidos como *eiderdown*, do original em alemão, aportuguesado para edredon, por ser confeccionada com a plumagem inferior dos gansos "*eider*", sendo conhecidas ainda como "*duvet*" ou "*quilt continental*".

Extremos: ao lado, expedicionário enfrenta as temperaturas negativas do frio polar. Acima, um beduíno igualmente coberto para suportar o calor do deserto saariano

As fibras sintéticas

A primeira fibra sintética produzida pelo homem é a poliamida, conhecida comercialmente como Nylon. Desenvolvida no início da II Guerra Mundial com o objetivo de se tornar o substituto sintético da seda oriunda da Ásia, é largamente empregada nos pára-quedas do exército norte-americano. É igualmente utilizada em roupas e em pneus de veículos militares. Com baixa absorção de água, alta resistência e toque sedoso, a poliamida incorporou-se rapidamente ao nosso dia-a-dia civil, sendo utilizada nos mais diferentes contextos: como cordas, tecidos finos e grossos, velas, tapetes e cordas musicais.

Seu sucessor foi o poliéster, igualmente derivado do petróleo. Com grande resistência, secagem rápida e capacidade de resistir à abrasão, é muitas vezes confundido com a poliamida. Embora seu toque no corpo seja menos macio, seu custo de produção é menor.

O desenvolvimento de fibras sintéticas trouxe materiais mais leves e eficientes na retenção de calor e na eliminação da transpiração produzida pelo corpo em atividade. Elas também diminuem os riscos de hipotermia e congelamento, oferecendo mais segurança aos atletas na escalada de altas montanhas. Ademais, para os vegetarianos, as fibras sintéticas evitam a matança de animais desnecessaria.

Uma das fronteiras do conhecimento em relação às fibras artificiais é proporcionar o mesmo toque confortável das fibras naturais, ao mesmo tempo em que se garante a capacidade de compressibilidade das artificiais, que, por exemplo, ocupam menos espaço nas mochilas dos aventureiros.

No início da década de 1980, um tecido utilizado pelos astronautas da nave Columbia ganha fama e, a seguir, é adotado pelo universo dos esportes de aventura. Ele é bastante fino, impermeável e, ao mesmo tempo, transpirável, revolucionando a forma de se vestir na montanha. Inventado por Bill Gore, recebe o nome de Gore-tex. Novos tecidos estão em pesquisa e surgem no mercado, oferecendo, entre suas propriedades, melhor preço, mais resistência, proteção contra a chuva, eliminação do suor, aumentado a opção de escolha para os fabricantes de roupas e calçados do mercado esportivo.

Até então, as capas de plástico cumpriam a função de proteger o corpo da chuva mas, por outro lado, encharcavam a pessoa no seu próprio suor, que não tinha por onde evaporar. Com os novos materiais, a sensação de abafamento das roupas deixa de ser um problema. Para impedir a entrada da água e, ao mesmo tempo, permitir a eliminação do suor, a membrana é formada por microporos. Cada um deles é 20 mil vezes menor que uma gota de água e 700 vezes maior que a molécula de vapor. Isso torna a fibra impermeável do lado externo e a faz ser largamente empregada na indústria do vestuário.

Multiuso: mais resistentes, as fibras sintéticas são usadas em larga escala, do parapente ao vestuário de atletas.

A conquista do Everest

O crédito da primeira conquista do Monte Everest, a montanha mais alta do mundo, com 8.850 metros, é de Edmund Hillary. O neozelandês, falecido em junho de 2008, aos 89 anos, alcançou o topo em 1953, com auxílio de oxigênio, acompanhado do sherpa Tenzing Norgay. A primeira escalada ao Everest, no entanto, ainda gera dúvidas no montanhismo.

Em 1924, 29 anos antes da façanha de Hillary, a dupla de alpinistas germânicos George Mallory e Andrew Irvine comandou uma expedição composta por mais seis homens, na tentativa de atingir o cume do Everest. Na manhã de oito de junho, os dois alpinistas foram vistos por outro membro da equipe saindo de um acampamento a menos de 500 metros do cume. Depois de serem encobertos por uma nuvem, jamais se soube se eles chegaram até o topo ou não.

Em 1999, uma expedição liderada por outro alpinista, Conrad Anker, localizou o corpo de Mallory, identificado pelas iniciais de sua camisa. Mesmo com as roupas em péssimas condições, foi possível identificar o tecido e a quantidade de camadas de vestuário usadas pelos alpinistas à época.

Eram sete camadas de roupas no tronco, alternando tecidos como algodão, seda e lã, sob uma capa de gabardine grossa. As pernas eram protegidas por ceroulas. Nos pés, eles usavam botas de couro, adaptadas com pregos na sola, para melhor aderência ao gelo. A seda impedia a entrada do vento e a lã, em contato direto com a seda, escorregava, liberando os movimentos da escalada.

Ao reconstituir as roupas, a pesquisadora Mary Rose identificou técnicas modernas de construção de tecido e de isolamento térmico. As perneiras de Mallory foram construídas como um favo de mel, criando três dimensões e impedindo a saída do ar quente, o que para época era bastante avançado.

Rose conclui que as camadas de lã, seda e algodão eram mais leves que as roupas modernas sintéticas e extremamente confortáveis. Além disso, as botas de Mallory foram as mais leves já usadas no Everest, o que demonstrava que os alpinistas da década de 1920 entendiam de vestuário para montanha.

Se as roupas usadas têm influência na conquista do ponto mais alto do planeta, anos mais tarde foi provado que a dupla Mallory e Irvine teriam condições de chegar ao cume. Em 2007, em nova expedição ao Everest, Conrad Anker e Leo Houlding usaram os mesmos trajes e técnicas da dupla de 1924 – botas de couro e casacos de lã, ao invés dos modernos trajes sintéticos e das botas com proteção térmica. Apesar de quase terem os pés congelados, eles chegaram lá.

Para não congelar no caminho

Estar com o equipamento ideal na montanha ou na neve, ambientes extremamente hostis, significa conforto mas, principalmente, segurança. Como não é possível controlar as forças externas, o indivíduo deve manter o ambiente interno sob controle, a ponto de o desconforto não se tornar um problema. Em ambiente muito frio e úmido, estar confortável é estar seco.

Enfrentar mau tempo, se perder ou ser surpreendido pela noite, são possibilidades concretas em uma expedição. Assim, dispor dos melhores equipamentos, principalmente em altas altitudes, pode significar a diferença entre a vida e a morte.

No passado era comum que alpinistas perdessem membros do corpo por congelamento. Graças à melhoria no isolamento para roupas e calçados este fato ocorre cada vez com menor freqüência.

As áreas do corpo têm diferentes relações com o ambiente externo. Para que o esportista se sinta confortável, é preciso lembrar de cada uma delas com com cuidados específicos.

A cabeça, por exemplo, pode perder mais calor do que o corpo é capaz de produzir. Nem o melhor casaco aquecerá se a cabeça estiver fria e descoberta. As mãos, por sua vez, replicam para todo corpo a mesma sensação que sentem. Além de suar bastante, são as responsáveis por reduzir a circulação do sangue nas extremidades do corpo quando muito frio e, por isso, estão sujeitas a congelar rápido.

Os pés, meias e sapatos devem ser pensados como um sistema integrado. Além de transpirarem muito, os pés carregam o peso do corpo, dos equipamentos e estão mais sujeitos a ambientes como água e lama, o que pode ocasionar bolhas. Por isso, tanto os calçados quanto as meias devem ter propriedades de eliminar o suor durante a atividade.

O casaco externo deve, essencialmente, criar uma barreira entre a pessoa e a natureza, mantendo-o afastado das variações climáticas. Conforme a intensidade do exercício e das condições climáticas exteriores, com as tecnologias atualmente disponíveis, é possível encontrar materiais que atendam cada necessidade.

Bastões e raquetes nos calçados ampliam o desempenho da caminhada na neve. Na outra pág., a roupa fina e quente dos atletas durante o Desafio de Los Volcanes 2003, corrida de aventura na Patagônia.

A natureza imitada

Por muito tempo o homem dependeu exclusivamente dos recursos naturais para a sua sobrevivência – materiais orgânicos. A partir da era do petróleo, no último século, porém, tudo se altera. Novos materiais são capazes de "imitar" a natureza e substituir os naturais. Ao produzi-los em larga escala, imita-se as propriedades de materiais naturais e, na medida do possível, procura-se corrigir as deficiências dessas fibras.

As chamadas membranas semipermeáveis, como as usadas nos casacos contra chuva, podem ser encontradas na natureza, como nos estômagos humanos. Os nativos do norte da América do Norte já extraíam do ambiente sua proteção contra chuva ao usar focas secas, intestino de baleia ou de leões marinhos para confeccionar jaquetas à prova d'água, alem de empregar a gordura de animais para selar as fendas das costuras.

O velcro talvez seja a invenção que mais transformou a indústria dos esportes e da moda casual. Em 1948, o montanhista George Mistral o descobre, após um trivial passeio com seu cachorro, ao perceber a estrutura das garras do carrapicho grudado ao seu animal. A invenção é patenteada em 1955 e se torna popular a partir de seu largo uso pelo exército norte-americano. Os processos têxteis para a criação do velcro já eram conhecidos, no entanto, foi a combinação com a outra superfície que permitiu tal inovação.

Acima, o uso de caramanhola para recolher a água, em competição na Patagônia. Ao lado, tênis específicos para corrida de aventura secam ao sol em prova na Chapada Diamantina (BA).

Da mesma maneira, o isolamento térmico origina-se de diversas fontes na natureza: as penas de ganso, conhecidas pelos Vikings, as crinas do camelo, as peles de lobos e renas.

Biólogos e químicos vêm trabalhando em conjunto com engenheiros e cientistas para imitar a natureza. A combinação dos avanços em matemática e tecnologia, que antes caminhavam em separado, facilitou o entendimento do mundo natural e da ciência, passando a oferecer um grande potencial para melhorar o desempenho humano e transformar os processos e materiais.

A influência das guerras e da corrida espacial

As guerras tiveram um papel fundamental no desenvolvimento humano, e não apenas do ponto de vista tecnológico.

Embora os países apliquem todos os recursos disponíveis com o objetivo de destruir o inimigo, não raro diversas invenções passam a fazer parte de nosso cotidiano. Entre os muitos exemplos está a margarina, que surgiu de um concurso na França, estimulado por Napoleão III, para encontrar uma alternativa de fácil conservação e mais barata do que a manteira, para alimentar os seus soldados.

Nas décadas de 1970 e 1980, para orientar mísseis e guiar tropas por locais de difícil acesso, é criado o Sistema de Posicionamento Global (GPS – Global Positioning System, em inglês) com um investimento de cerca de US$ 10 bilhões e 24 satélites em órbita. Apenas em 1993 o sistema é liberado para o uso civil. Hoje o aparelho cabe na palma da mão e está presente em telefones celulares, e auxilia desde motoristas nos grandes centros urbanos até aventureiros em locais desconhecidos, por meio de informações como latitude, longitude e altitude. Os dados são detectados pelos satélites, que por sua vez devolvem ao usuário a posição do local desejado.

Da mesma forma, a Internet tem seu embrião na Guerra Fria. Inicialmente se chamava Arphanet e tinha como objetivo manter a comunicação entre as bases militares dos Estados Unidos, na hipótese de um ataque nuclear. Depois da guerra, seu uso é liberado para cientistas e, na seqüência, para universidades, até a rede de comunicação global alcançar o grande público nos anos 1990.

Trabalhando próximo a um radar militar – que emite ondas magnéticas –, o cientista Percy Spencer percebeu que o chocolate em seu bolso derretia a cada vez que se aproximava de um radar. Em 1947, um ano depois, ele cria o forno de microondas, com 340 quilos e tendo como componente-chave o magnetron – o coração do radar. Somente a partir do melhor aproveitamento de ligas de metais será possível, em 1955, criar um forno para uso em uma cozinha doméstica.

Bastante difundida como esporte na década de 1970, a asa-delta é inventada por um projetista da NASA em buca de uma solução para guiar as espaçonaves depois de sua reentrada na atmosfera.

Acima, piloto de trike realiza manobra. Ao lado, caiaques usados para a modalidade de remo em corrida de aventura, em Paraibuna (SP)

A partir da década de 1960, a indústria bélica busca aplicar materiais como fibra de carbono em aviões militares e em naves espaciais, possibilitando que essas se tornem mais resistentes, suportem temperaturas mais altas e, ao mesmo tempo, sejam mais leves. A prática logo ganha espaço na aviação comercial.

Com o fim da Guerra Fria, em meados de 1980, a demanda por ligas de carbono mais leves e resistentes cai. Entre os múltiplos usos que a indústria encontra está o da fabricação de bicicletas. Substituir o alumínio por carbono permitiu uma redução de 20% a 30% no peso final do produto. Em função do melhor desempenho obtido com o menor peso, o uso da fibra de carbono ganhou aplicação também em outros esportes como o automobilismo, o iatismo e o esqui.

Sobrevivência na Antártida

A expedição do inglês Ernest Shackleton à Antártida é uma das maiores provas humanas de sobrevivência em condições extremas.

Entre 1914 e 1916, liderando um grupo de 27 homens, Shackleton passou quase dois anos preso nas franjas do continente gelado. Ora no mar, ora em terra, todos seus homens lutaram pela vida com os poucos recursos que tinham.

Com o objetivo de chegar à Antártida, a expedição partiu das ilhas da Geórgia do Sul a bordo do navio Endurance. Aproximadamente 140 quilômetros antes de chegar ao seu destino, o navio ficou preso no gelo. Os tripulantes abandonaram a embarcação e assistiram o gelo esmagá-la dia a dia, até afundá-la. Sem outra alternativa, eles acamparam e racionaram os suprimentos, estabelecendo uma dieta baseada em pingüins e focas. Para solicitar auxílio, enfrentaram expedições a pé na neve e remaram em botes salva-vidas em mares gelados. Atribui-se à alta motivação de Schakleton como um dos principais fatores para a sobrevivência de toda a equipe, resgatada sem qualquer baixa.

Os diários do comandante e de tripulantes constituem-se em fontes para identificar o tipo de roupa, calçado e a estrutura que dispunham para passar dias e noites sob um frio de até 30 graus negativos, com ventos cortantes e sem a certeza de que seriam resgatados.

"Para levantar o moral, além de combater o frio, distribuiu entre todas as roupas de inverno originalmente destinadas aos grupos de terra: duas camisas e ceroulas inteiriças de lã Jaeger, ceroulas compridas para as pernas, luvas sem divisões para os dedos de lã Shetland, um pulover de lã Shetland, e o mais importante de tudo, capas e calças Burberry. Estas últimas eram feitas, nas palavras de um dos membros da expedição, com um material que tinha o peso aproximado de tecido de guarda-chuva, mas sua trama era tão apertada que supostamente não deixava passar o vento."

"Só havia 18 sacos de dormir de pele e sorteamos quem ficaria com eles. Por algum subterfúgio que não deixou de ser percebido pelos marujos, a maioria dos oficiais só tiraram os sacos de dormir de lã. Os melhores e mais quentes, forrados de pele, saíram para os subalternos."

"Os homens se instalaram sobre forros de lona que não eram totalmente à prova d'água...."

"O tempo úmido e a neve constante mantinham os homens presos nas barracas, enquanto as próprias barracas ficavam mais encharcadas do que nunca. O forro do piso da barraca 5 fora requisitado para servir de vela para um dos barcos. Em seu lugar, casacos e calças de oleado, dois cobertores e a pele de um leão marinho era agora tudo que havia entre os sacos de dormir e a neve molhada. Várias barracas haviam sido rasgadas pela ação dos ventos e de todo modo eram tão finas que qualquer brisa do lado de fora deslocava a fumaça do lado de dentro."

Ao lado, acima, ancoragem do veleiro na Península Antártica. Abaixo, grupo refaz a Rota de Shackleton nos campos de gelo da Geórgia do Sul

Escalada em rocha no Corcovado, Rio de Janeiro (RJ).

Evolução nos esportes

Ao promover mais segurança e conforto e ampliar o rendimento das atividades, as novas tecnologias ganham espaço e impulsionam os esportes e as atividades de aventura com equipamentos de ponta.

Na escalada

O esporte chegou ao Brasil no começo do século XX. Em 1912 um grupo de escaladores de Teresópolis sobe pela primeira vez o pico Dedo de Deus, de 1.675 metros, na Serra dos Órgãos, Rio de Janeiro. Naquela época, não existiam alguns dos equipamentos sem os quais hoje não se acredita ser possível escalar. Este é o caso da cadeirinha, ou baudrier, dos mosquetões e das sapatilhas com solado de borracha.

As primeiras cordas, ainda de sisal, eram passadas pelos braços e atrás da cintura para garantir segurança ao escalador. Elas eram trançadas e não possuíam capa protetora; e por isso, eram pouco resistentes ao sol e à abrasão, além do que eram estáticas, ou seja, não ofereciam qualquer elasticidade para amortecer o impacto da queda.

As ferragens empregadas para fixação dos apoios na rocha, como grampos, estribos, brocas e marretas, eram de difícil manuseio, sendo necessário um ferreiro como parte da equipe. Em 1912, somente com a combinação do conhecimento de todos os membros da equipe foi possível realizar a primeira conquista na escalada brasileira.

Com o desenvolvimento das fibras sintéticas, como a poliamida, as cordas se tornam mais leves e resistentes, com capacidade para até duas toneladas. O processo de produção foi modificado e a corda passou a ter duas partes: a "alma" e a "capa", garantindo mais durabilidade à ela e oferecendo mais segurança ao escalador. A alma é a parte interna da corda, responsável por 80% da sua função. Quando a capa se rompe, expondo a alma da corda, esta já está condenada e deve ser substituída.

Toda corda deve ter o selo da UIAA (União Internacional de Associações de Alpinismo), apresentando dados como a carga de ruptura, a capacidade de resistência a quedas, a força de impacto da corda e o grau de elasticidade.

Apesar das cordas estáticas continuarem existindo para usos específicos, como o rapel e o canyonismo, foram desenvolvidas as dinâmicas, com certa elasticidade para suportar a queda do escalador com mais suavidade, evitando trancos bruscos e muita tensão na ancoragem.

A cadeirinha é inventada somente na década de 1960. No início era costurada à mão, para que uma linha mais grossa que a convencional das agulhas da máquina de costura pudesse ser aplicada.

Acima, equipamentos para abertura de via de escalada na Pedra do Cachorro (PE). Ao lado, a comparação entre um montanhista em 2002, contemplando a vista da Pedra do Baú (SP) e aqueles em 1957, com seus equipamentos, enquanto observam o Dedo de Deus na Serra dos Órgãos (RJ)

Quanto aos calçados, depois da sapatilha de sisal, surgem as botas de borracha de solado rígido, que ainda não apresentam a aderência ideal para a rocha. Os escaladores adaptavam então calçados como o tênis Kichute, com solado de borracha para jogar bola, cortando-lhes os cravos de borracha para que o pé tivesse maior contato com a rocha.

O grande salto na evolução da escalada acontece no final dos anos 1970, com o desenvolvimento de uma borracha específica para sapatilhas de escalada, chamada goma cozida. As botas rígidas anteriores não permitiam a conquista de vias que exigiam muita aderência. O experiente escalador Alexandre Portella relembra o quanto isso representou maior confiança para os esportistas e permitiu aperfeiçoar os movimentos. No Brasil, apenas em 1985 a Snake, fabricaria as primeiras sapatilhas, inicialmente usando borracha de pneu de caminhão.

O mosquetão, outra peça fundamental no esporte, que funciona como um elo de ligação entre a cadeirinha do esportista, a corda de segurança e a parede, sofre grande mudança com o desenvolvimento das ligas de alumínio. O equipamento, antes de aço e forjado à mão, a partir de 1980 passa a ser feito em duralumínio e a pesar três vezes menos.

Enquanto os de aço pesavam de 300 a 400 gramas, os novos se apresentam entre 70 e 100 gramas, diminuindo o peso carregado pelos escaladores e, conseqüentemente, seu desgaste durante as escaladas. Ao longo dos anos, os fabricantes ainda evoluíram no design dos mosquetões sem comprometer a sua resistência.

Outras importantes criações são os nuts e friends, substituindo os grampos de ferros que devem ser martelados para se fixarem às rochas. As proteções móveis surgem no final dos anos 1980 e representam uma nova maneira de escalar. Como as peças eram encaixadas com menos agressividade nas fendas das rochas e depois podiam ser retiradas, os escaladores gastavam menos tempo e esforço para fixar suas proteções, na chamada escalada limpa, pois a pedra não é furada e os grampos permanecem na rocha.

Aranha caranguejeira sobre mosquetão, na Pedra do Cachorro (PE). Ao lado, detalhe da escalada técnica. Na outra pág., uma das primeiras incursões com proteções móveis na Chapada das Perdizes, Carrancas (MG)

Toda essa evolução nos equipamentos permitiu aos escaladores aprimorar as técnicas do esporte, pela possibilidade de fazer as mesmas vias mais rapidamente, ou a conquistar vias que anteriormente não eram possíveis.

As vias conquistadas em uma rocha recebem um nome e uma graduação de seu conquistador, que no Brasil varia entre um e onze. Aspectos como a inclinação da parede, o tipo de rocha, o tamanho e número de agarras e a distância entre elas são levados em consideração pelo conquistador no momento de graduar a via.

Com o aperfeiçoamento dos equipamentos de escalada, pode-se dizer que os graus das vias se tornaram mutantes. Como explica Eliseu Frechou, escalador há 25 anos e especialista em grandes paredes: quando Alexandre Portella abriu a via "Terra de Gigantes", o *Big Wall* mais difícil no Brasil, em 1987, ela foi considerada uma via A4+. Quando ele retornou em 1998 com outros equipamentos, houve outras condições para escalá-la e seu grau foi reduzido para A3+.

Além de possibilidade de conquistar vias ainda inéditas, o desenvolvimento dos equipamentos também permite o rápido aprimoramento nas técnicas do esporte.

No Mountain Bike

O esporte surgiu nas montanhas da Califórnia em meados da década de 1970. Gary Fisher, um dos inventores do esporte, e seus amigos, utilizavam um modelo de bicicleta modificado na época, a Schwin Excelsior, e instalaram um câmbio que pudesse ser acionado com o polegar, além de um selim totalmente regulável para melhorar o desempenho. A idéia era usá-la para despencar do monte Tamalpais, na Califórnia, pois as descidas com motos estavam proibidas por destruir a vegetação e pelo perigo que representavam. A consagração do esporte veio com o lançamento da primeira mountain bike produzida em escala, a “Specialized Stumpjumper”, em 1981.

No Brasil de 1986, ainda com todas as restrições de acesso às informações sobre o novo esporte e aos produtos importados, alguns entusiastas trilhando o mesmo caminho dos criadores do esporte modificaram as suas bikes. Os primeiros mountain bikers surgiram no Rio de Janeiro e usavam bicicletas importadas. Em São Paulo, a jornalista Renata Falzoni e outros ciclistas adaptaram suas “Caloi Cruiser” para transpor obstáculos com mais facilidade. Em 1988, dois campeonatos, um no Rio de Janeiro e outro em São Paulo, selaram definitivamente o início do esporte. No Brasil, a Caloi e a Monark iniciaram sua produção de mountain bikes no final da década de 1980.

As principais peças de uma mountain bike são o quadro, a suspensão, os freios e o câmbio. Todas vêm sofrendo mudanças significativas nas últimas décadas, levando o esporte a outro patamar. Os primeiros quadros eram feitos de aço. Considerado muito pesado, este é substituído pelo alumínio, presente na maioria das mountain bikes. O desenvolvimento da indústria de metais permitiu que os quadros de alumínio se tornassem mais resistentes, um ponto negativo para esse material até então, sujeito a freqüentes quebras.

Com a fibra de carbono é possível amortecer os impactos do terreno no corpo do ciclista. Bicicletas de 15 kg perdem um terço de seu peso. O mountain biker Mario Roma é um dos atletas que percebeu a diferença. Para ele, as bicicletas ficam mais macias, sem perder a rigidez lateral. Isso possibilita pedalar com mais conforto por longas horas. A redução de peso também facilitará o grande desenvolvimento de uma nova modalidade do esporte, o Cross Country, que agora realiza grandes subidas e descidas com menor esforço.

Além do carbono, o titânio é outro metal empregado nos quadros de bicicleta. Por ser muito duro, exige processos e ferramentas especiais para seu corte. Muito mais leve que o aço e tão resistente quanto, não é tão popular devido ao seu alto preço.

O sistema de freios passou, igualmente, por grande transformação. Dos primeiros modelos, os cantilevers, com baixa eficiência em freadas rápidas, foram substituídos pelos *v-brakes*. Com duas pastilhas coladas à roda, e acionados pelo toque de um dedo na alavanca, estes passam a ser largamente utilizados, com economia de preço, peso e manutenção.

Inspirado na tecnologia de motocicletas, foi desenvolvido o freio a disco. De alta eficiência, esse sistema é capaz de frear uma bicicleta a mais de 60 km/h com apenas um toque na alavanca, mesmo com lama ou chuva. A segurança e o desgaste menor compensam seu peso e preço superiores.

As suspensões, inicialmente aplicadas na parte dianteira, por sua vez, inspiradas no amortecimento de carros e motos, aprimoraram-se no final dos anos 1980. Inicialmente, o amortecimento era feito por elastômeros, capazes de absorver apenas os impactos mais leves. Outros sistemas de suspensão surgiram combinando elementos como óleo e mola ou óleo e ar, que além de suportarem maiores impactos, não desregulam com facilidade.

As suspensões traseiras são usadas em mountain bikes destinadas a modalidades como o *downhill*. Apesar de tornar a bicicleta mais pesada, o sistema melhora o controle do piloto e a estabilidade do veículo.

Mountain bike durante o Ema Remake, em 2008.

No Montanhismo

O hábito de percorrer trilhas em montanhas no mundo moderno, tem origem no século XVII, na Europa. Os Alpes foram o primeiro cenário, e a exploração e a pesquisa os primeiros objetivos.

O Mont Blanc, na Suíça, a montanha mais alta da Europa, com 4.808 metros, foi conquistada pela primeira vez em 1786. As montanhas do Himalaia, o foram somente no século XX, com Edmund Hillary atingindo o cume do Everest em 1953 e uma equipe de italianos conquistando o K2 em 1954. Entre os brasileiros, os primeiros a conquistarem o topo do mundo são Mozart Catão e Waldemar Niclevicz, em 1995.

Mesmo antes dessa data o Brasil já contava com seus aventureiros em montanhas nacionais. Instituições como o Centro Excursionista Brasileiro e o Centro Excursionista Universitário reuníam os amantes das expedições para promover o esporte nacionalmente.

Paulo Coelho, montanhista há mais de 30 anos, lembra do início das expedições nacionais, quando participou da formação do Centro Excursionista Universitário em 1970, na Universidade de São Paulo. Ele conta que naquela época as mochilas não tinham estrutura rígida no costado e eram feitas de lona. Suas alças eram finas e não tinham acolchoamento – praticamente um saco de lona com alças. Sem objetivo de carregar equipamentos, as mochilas não tinham barrigueiras para melhor distribuir o peso à cintura. O produto estava principalmente dirigido ao escotismo e à pesca amadora.

Sergio Beck, um dos pioneiros, passou a fabricar equipamentos no início dos anos 1980 a partir das informações dos praticantes do esporte e das referências de outros países. Por muito tempo ele foi fornecedor dos montanhistas brasileiros que ainda não dispunham dos produtos nacionais.

Além das mochilas, as roupas utilizadas até a década de 1980 seguiam o padrão do que era conhecido por aqui. As roupas de algodão, em camadas quando necessário para aumentar a proteção contra o frio, davam lugar ao veludo e à lã na parte externa.

Para proteger-se da chuva, a única opção eram as capas plásticas e os ponchos do exército, eficientes na proteção da água, mas falhos na eliminação do suor provocado pelo corpo. Paulo Coelho conta que a primeira vez que fez um curso de escalada em gelo em alta montanha, procurou se proteger da chuva comprando uma roupa para motoqueiros, mais leve e mais compacta.
As botas usadas para caminhada atualmente em nada lembram os coturnos pesados da década de 1970, calçados similiares aos militares, pouco adequados a caminhadas longas.

As primeiras barracas de montanhistas, por sua vez, lembravam aquelas dos militares. A lona não era impermeável e a estrutura de ferro, apesar de resistente, era muito pesada para ser levada às costas. A criação de modelos com varetas de alumínio, com teto duplo contra chuvas e no formato iglu, aliviou bastante o peso da bagagem.

Outro importante acessório é a lanterna. Até o início da década de 1980, apenas a de mão era usada, em atividades que não exigissem as duas mãos livres. Poucos anos depois, a lanterna de cabeça passou a ocupar as malas dos expedicionários.

As lâmpadas usadas inicialmente eram as incandescentes e, a seguir, as halógenas. Apesar de serem as melhores que existiam à época, elas representavam alguns problemas para os montanhistas. Tinham pouca autonomia, cerca de 30 horas, com perda de potência ao longo do tempo. E quanto maior o facho de luz, maior o tamanho da pilha usada. Carregar pilhas extras e grandes significava mais peso nas costas.

Montanhista em parque nacional no Alasca, no verão de 2007

Uma invenção no sistema de iluminação chegaria às montanhas nos anos 1990. Nick Holonyak Jr. criou o LED – abreviatura de "*light emitting diodes*", ou diodos emissores de luz. Em 1962, ele só emitia luz vermelha e era usado nos aparelhos de CD e DVD. Os leds verdes e amarelos não tardaram a aparecer, mas esses três tons não serviam para iluminar os caminhos dos montanhistas. Somente no ano 2000 o japonês Shuji Nakamura descobriu os leds azul e branco e todas as qualidades dessa pequena e potente luz puderam ser usufruídas pelos montanhistas.

Os *leds* têm pouco consumo de bateria e excelente poder de iluminação, são mais duráveis por não usarem vidro nem conter filamentos, com autonomia de 300 horas, que o permite durar cem vezes mais que as lâmpadas anteriormente usadas.

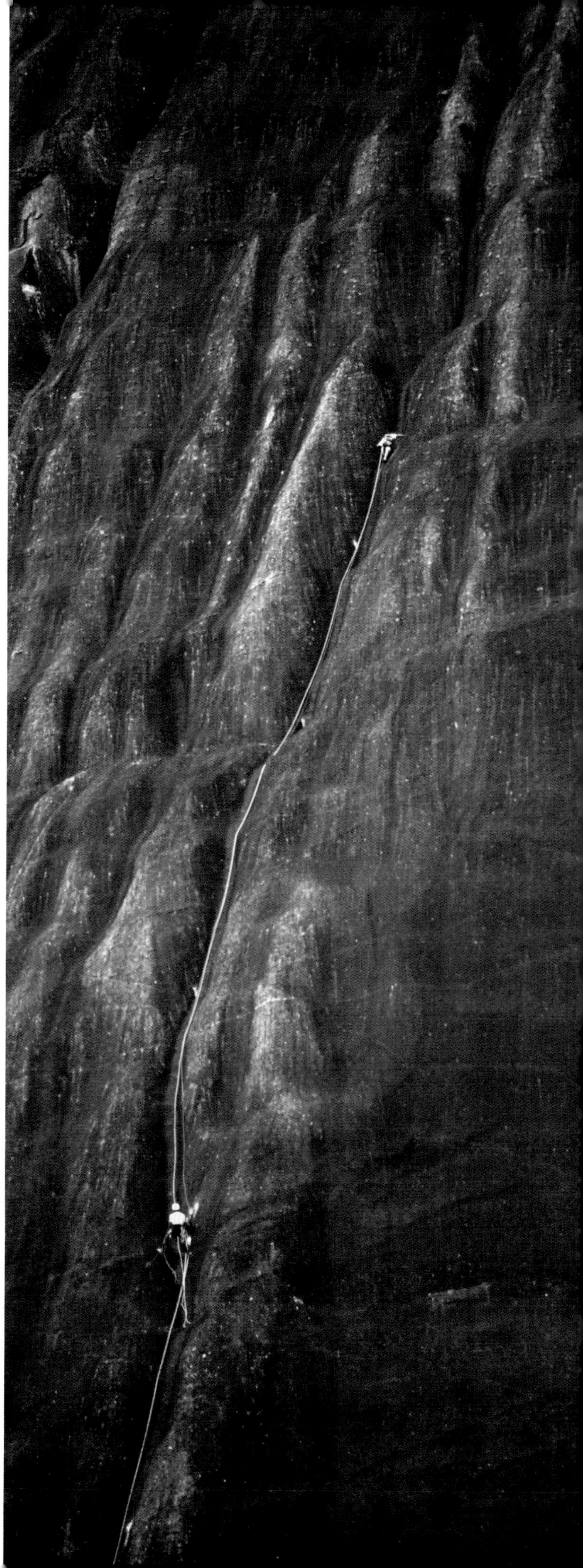

Escaladores na Pedra Riscada (MG): a expedição levou oito dias para vencer seus 1260 metros de extensão, com grau máximo de periculosidade

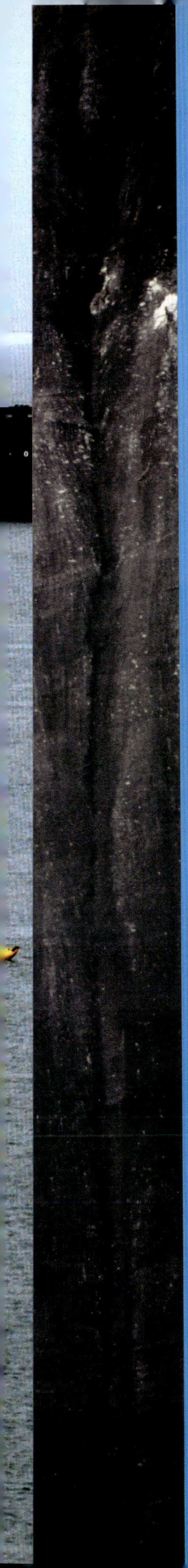

A parceria atleta-empresa

Estar mais leve passou a significar ir mais longe, chegar mais rápido ou ampliar o que já era possível fazer. Leveza se tornou sinônimo de bom desempenho.

Luiz Makoto Ishibe, o primeiro brasileiro a escalar as montanhas geladas da América do Sul, como Fitz Roy e Cerro Torre, e um dos maiores especialistas do Brasil em equipamentos de aventura, lembra a necessidade do preparo do esportista:

"A performance final de cada um depende mesmo é de quando se está preparado para tal atividade. No começo dos anos 1990, os japoneses eram os que mais morriam nas expedições ao Everest. Com dinheiro para comprar o que havia de melhor no mundo em equipamentos e para furar a fila das expedições, eles chegavam facilmente ao campo base do Everest, mas morriam durante sua escalada por não estarem bem condicionados. Eles não tinham espaço para treinar, morando em uma ilha e nem conhecimento suficiente para encarar a maior montanha do mundo."

Da mesma forma que o montanhismo, a corrida de aventura persegue a máxima eliminação de peso. Carregar menos peso nos longos trechos da prova significa, além de um avanço rápido, a possibilidade de levar mais água e comida. Francisco Perez, um dos primeiros corredores de aventura, relembra um momento no EMA 2001, a Expedição Mata Atlântica Amazônia:

"Minha equipe quebrava a cabeça de todos os puxadores de zíperes e colocava um fio de nylon no lugar. Chegaríamos a passar até 40 horas sem abastecimento e queríamos trocar o peso inútil por comida. Levávamos um kit de sobrevivência que era um trambolho. Éramos inseguros ainda".

Para evitar que os atletas fizessem adaptações em seus equipamentos, os fabricantes passaram a desenvolvê-las em parceria com eles, na intenção de torná-los cada vez mais leves e mais bem adaptados ao esporte.

As mochilas foram os itens que mais contaram com palpites dos atletas. Ganharam barrigueiras, tornaram-se mais leves, os tecidos foram trocados para não causar assaduras no pescoço, ilhoses para escoar a água foram acrescentados, assim como um local exclusivo para a saída da mangueira do sistema de hidratação, evitando que a mochila sempre estivesse semi-aberta. Seu tamanho também diminui, de 40 litros para 20 litros.

Numa prática cada vez mais recorrente, a Curtlo, uma das primeiras fabricantes nacionais de equipamentos para esportes de aventura, desenvolve protótipos que são testados pelos esportistas profissionais. Este foi o caso de uma mochila que os montanhistas Paulo e Helena Coelho usaram no Everest. As alças congelaram e encolheram com o frio, não voltando mais à posição inicial. Por conta disso, a marca optou por substituir o material usado.

O fato dos equipamentos terem diminuído de peso e volume influenciou para que as mochilas cargueiras também diminuíssem de tamanho, assim como as semicargueiras, com capacidade média de 60 litros, que passaram a ganhar mercado.

Assim, da experiência vivida por pessoas como Paulo e Helena, novos equipamentos e acessórios surgem a cada ano, popularizam-se e são aperfeiçoados atendendo aos mais diversos esportes.

Corrida de

A parceria atleta-empresa

Estar mais leve passou a significar ir mais longe, chegar mais rápido ou ampliar o que já era possível fazer. Leveza se tornou sinônimo de bom desempenho.

Luiz Makoto Ishibe, o primeiro brasileiro a escalar as montanhas geladas da América do Sul, como Fitz Roy e Cerro Torre, e um dos maiores especialistas do Brasil em equipamentos de aventura, lembra a necessidade do preparo do esportista:

"A performance final de cada um depende mesmo é de quando se está preparado para tal atividade. No começo dos anos 1990, os japoneses eram os que mais morriam nas expedições ao Everest. Com dinheiro para comprar o que havia de melhor no mundo em equipamentos e para furar a fila das expedições, eles chegavam facilmente ao campo base do Everest, mas morriam durante sua escalada por não estarem bem condicionados. Eles não tinham espaço para treinar, morando em uma ilha e nem conhecimento suficiente para encarar a maior montanha do mundo."

Da mesma forma que o montanhismo, a corrida de aventura persegue a máxima eliminação de peso. Carregar menos peso nos longos trechos da prova significa, além de um avanço rápido, a possibilidade de levar mais água e comida. Francisco Perez, um dos primeiros corredores de aventura, relembra um momento no EMA 2001, a Expedição Mata Atlântica Amazônia:

"Minha equipe quebrava a cabeça de todos os puxadores de zíperes e colocava um fio de nylon no lugar. Chegaríamos a passar até 40 horas sem abastecimento e queríamos trocar o peso inútil por comida. Levávamos um kit de sobrevivência que era um trambolho. Éramos inseguros ainda".

Para evitar que os atletas fizessem adaptações em seus equipamentos, os fabricantes passaram a desenvolvê-las em parceria com eles, na intenção de torná-los cada vez mais leves e mais bem adaptados ao esporte.

As mochilas foram os itens que mais contaram com palpites dos atletas. Ganharam barrigueiras, tornaram-se mais leves, os tecidos foram trocados para não causar assaduras no pescoço, ilhoses para escoar a água foram acrescentados, assim como um local exclusivo para a saída da mangueira do sistema de hidratação, evitando que a mochila sempre estivesse semi-aberta. Seu tamanho também diminui, de 40 litros para 20 litros.

Numa prática cada vez mais recorrente, a Curtlo, uma das primeiras fabricantes nacionais de equipamentos para esportes de aventura, desenvolve protótipos que são testados pelos esportistas profissionais. Este foi o caso de uma mochila que os montanhistas Paulo e Helena Coelho usaram no Everest. As alças congelaram e encolheram com o frio, não voltando mais à posição inicial. Por conta disso, a marca optou por substituir o material usado.

O fato dos equipamentos terem diminuído de peso e volume influenciou para que as mochilas cargueiras também diminuíssem de tamanho, assim como as semicargueiras, com capacidade média de 60 litros, que passaram a ganhar mercado.

Assim, da experiência vivida por pessoas como Paulo e Helena, novos equipamentos e acessórios surgem a cada ano, popularizam-se e são aperfeiçoados atendendo aos mais diversos esportes.

FRONT ARDENNE

Corredores de aventura no mar de Paraty (RJ), durante a canoagem com duck, em 2008.

Corrida de

aventura

O potencial humano testado em seu limite

“O esporte não constrói o caráter, apenas o revela.”
(Heywood Campbell Broun)

Testar os próprios limites físicos e mentais e superá-los tornou-se motivo de orgulho para o homem moderno. Até a década de 1970, a maratona, com seus 42,195 km de corrida, era o símbolo da prova de resistência. Em 1978, a história dos esportes é marcada pelo triatlo, que estabelece novos parâmetros de superação ao incluir, em uma mesma prova, natação, ciclismo e corrida. Mas a grande inovação surgiria em 1989, quando o jornalista francês Gerard Fusil anuncia uma corrida a ser disputada na nova Zelândia, com cerca de 500 km, sem rota definida – apenas largada e chegada determinadas e pontos de passagem obrigatórios ao longo do caminho –, e disputada em equipes, em regiões inóspitas, pouco freqüentadas pelo homem. Trata-se da primeira corrida de aventura, batizada de Raid Gauloises.

Sua proposta original era encorajar times de cinco integrantes a percorrer extensas áreas, de forma épica, durante dias e noites seguidos, ininterruptamente, sem o uso de veículos ou equipamentos eletrônicos, orientando-se exclusivamente por mapas e bússolas, e enfrentando condições naturais adversas – terrenos acidentados, clima irregular e imprevisível, experimentando a privação de alimento e sono.

O conceito de aventura de Fusil, em suas próprias palavras, é o de “luta pela sobrevivência em condições naturais adversas”, que lhe vem à mente ao recordar-se que “muito antes do Raid Gauloises, havia os Alakaluf, índios nômades, famosos por suas habilidades com a canoa, que habitavam a região da península de Brecknock, na Patagônia chilena, e tentaram fugir da colonização que os dizimou[1]”.

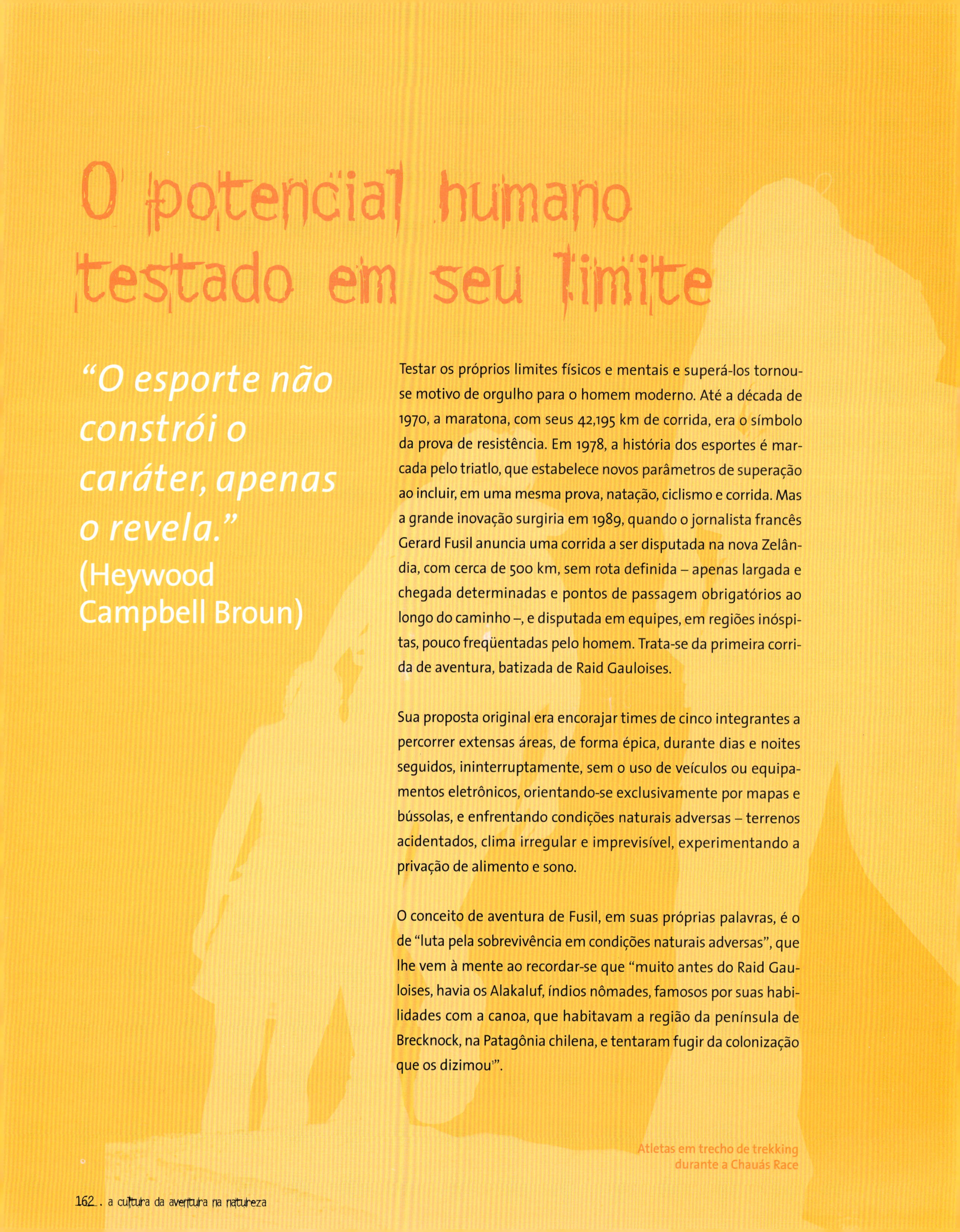

Atletas em trecho de trekking durante a Chauás Race

A primeira edição do Raid Gauloises, em 1989, envolveu 37 equipes francesas e três neozelandesas atraídas pela divulgação de Fusil. Muitos dos primeiros atletas formam-se nas atividades ao ar livre, como a escalada, o mountain bike e o triatlo, como o neozelandês Steve Gurney, que se tornou um dos grandes nomes da corrida de aventura mundial. Sua lembrança dos primeiros momentos deixa claro tanto o porquê da escolha do país sede, considerado a pátria da aventura, como a razão de seus grupos terem-se tornado os campeões absolutos nessa primeira iniciativa.

"O difícil em montar os times foi escolher quem seriam as pessoas entre tantas boas opções. A prova combinava modalidades e técnicas que eu e meus amigos tínhamos maior facilidade. Acabamos formando três times na primeira vez. Ganhamos em primeiro, segundo e terceiro lugar. Conhecíamos a região, o que nos dava vantagem, mas a maior razão foi que éramos muito bons em esportes de aventura ao ar livre. É algo natural para nós, pois é o que fazemos nos finais de semana" , explica-nos Gurney[2].

Da Nova Zelândia, o Raid Gauloises ganha o mundo, com percursos que chegam a dobrar a marca inicial, alcançado mil quilômetros e incorporando meios de transporte das regiões onde são realizados, como o uso de camelos, por exemplo. O sucesso da primeira iniciativa leva à realização de novas provas, agora, como em outros esportes de interesse mundial, em um novo bioma e um novo país, entre os quais a Costa Rica, na América Central, o Equador e a Argentina, na América do Sul, as ilhas francesas da Nova Caledônia, na Oceania, o Oman, na península arábica, a ilha de Madagascar na África Oriental, , a Malásia e o Vietnã, no Sudeste Asiático e o Nepal e Quirguistão, na Ásia. Em comum, são lugares percebidos como exóticos e desafiadores, tanto porque seus participantes pouco os conhecem, como o público que acompanha estes esportes reconhece nestes cenários destinos pouco freqüentes, alcançáveis apenas por exploradores pouco afeitos aos ares domesticados do espaço urbano.

Em 1998, Fusil vende seus direitos sobre o Raid Gauloises e passa a se dedicar a um novo circuito: o Elf Authentic. Paralelamente, outras provas surgem na Europa, Estados Unidos e na América do Sul, inspirados em seu modelo original. O Raid Gauloises prossegue até 2003, sua última edição. A partir de 2004 esta prova se une ao Raid World Championship.

Acima, canoagem durante a Raid Gauloises na Nova Zelândia, em 1990. Ao lado, acima, travessia de rio em Paraty (RJ) por equipe durante a Brasil Wild 2005. Abaixo, participantes na etapa do Adventure Camp em Brotas, em 2007

Entre os principais sucessores do modelo original está o Eco-Challenge: The Expedition Race, com percurso médio de 500 km e atividades como mountain bike, trekking, canoagem, cavalgada, montanhismo e mergulho. Criado pelo inglês naturalizado norte-americano Mark Burnett, em parceria com o próprio Gerard Fusil, seu objetivo inicial é se dedicar exclusivamente aos Estados Unidos. Com faro apurado para o marketing e ampla visão de negócios, Burnett é o responsável por "popularizar" a corrida de aventura e difundi-la no mundo, ou seja, atrair a participação de um maior número de pessoas e de público interessado nos eventos.

Com o Eco-Challenge, a corrida de aventura chega à TV, por meio do Discovery Channel, não apenas como uma prova de desafios, mas como um reality show, no qual conflitos e sofrimento borbulham na tela, atraindo crescente público para o programa. Em 1996, a edição realizada na Colúmbia Britânica recebe o Emmy Award, o maior prêmio da TV norte-americana. Anos depois, Mark Burnett inova uma vez mais, ao criar um dos maiores sucessos televisivos mundiais, inspirado em suas corridas de aventura, o *reality show*: Survivor.

A partir de 1997, com todos os direitos sobre o Eco-Challenge, o evento rompe as fronteiras norte-americanas e é realizado em outros países: Austrália, Marrocos, Nova Zelândia e Ilhas Fiji, onde, em 2002, ocorre sua última edição.

O montanhista Vitor Negrete em rapel durante corrida de aventura.
Acima, cavalgada e trekking na Raid Gauloises na Nova Zelândia.

Corredores de aventura em remo na Serra da Canastra (MG), durante Brasil Wild 2005. Ao lado, atletas sobem o Morro do Pai Inácio, durante competição realizada na Chapada Diamantina (BA)

A corrida de aventura no Brasil

A primeira corrida de aventura a ser realizada no Brasil é a Expedição Mata Atlântica (EMA), em 1998, resultado do empreendedorismo e entusiasmo de Alexandre Freitas, empresário paulista e corretor da Bolsa de Valores. Alexandre participara com uma equipe brasileira da lendária Southern Traverse, na Nova Zelândia, um ano antes. Entre os difíceis momentos que enfrentaram, viram-se obrigados a queimar as próprias roupas extras para não morrerem congelados. Este susto, ao invés de afastar Alexandre do esporte, tornou-o um aficionado e seu principal incentivador no Brasil.

A primeira EMA percorre 230 quilômetros da Serra do Mar em São Paulo, entre os municípios de Paraibuna, no vale do Paraíba, e Ilhabela, no litoral norte. Comparativamente, o mesmo trecho, por estradas de rodagem, exigiria menos de cem quilômetros e cerca de uma hora de trajeto. A competição reune 33 equipes, formadas entre empresários, triatletas, corredores *off-road*, mountain bikers, militares, entre os quais estariam alguns dos principais organizadores de provas e circuitos que a sucederam.

A mais ousada EMA foi em 2001, na Amazônia, para muitos participantes a mais exuberante prova já vivenciada pelos atletas brasileiros. Após esta edição, a EMA conquista o topo internacional das corridas de aventura, atraindo as equipes mais preparadas do mundo.

A Expedição Mata Atlântica, em seus cinco anos de existência, foi a escola da primeira geração de competidores brasileiros e aquela que demonstrou a viabilidade do esporte. Alexandre Freitas relembra os muitos obstáculos diante do ineditismo da iniciativa: *"por todos os lugares que passei, tinha que pedir autorização, fosse uma pequena propriedade ou um Parque Nacional, sempre tendo que explicar os detalhes e os cuidados que seriam adotados. O Brasil é abençoado, tem de tudo e é muito bonito. Nunca tive dúvida de que, mesmo que demorasse, iria ter sucesso[3]."*

O circo montado do Adventure Camp em Ilhabela, em 2008. Ao lado, Alexandre Freitas dá a largada para a segunda edição da EMA, em Itamambuca. Acima, manobras com o duck nos Jogos de Aventura, no rio Grande e represa Billings (SP), 2005

EMA

O resultado é que somente em 2006 registraram-se mais de 100 eventos desta natureza[4], entre provas e circuitos de curta, média e longa distância, como o Adventure Camp, o Brasil Wild, o Chauás Race, o Ecomotion, o Sul Brasilis e a Extremaventura, entre outros.

Em 2002 as corridas de aventura recebem a notícia que seu mestre, Alexandre Freitas, ao participar do Eco-Challenge nas Ilhas Fiji, é infectado por um parasita endêmico, provavelmente devido a ingestão de verduras cruas ou peixes mal cozidos. Com o corpo debilitado por vários dias de prova e o sistema imunológico sem defesa contra o agente estranho, o parasita se aloja no tronco da medula, deixando-o inconsciente por dois meses e meio em uma Unidade de Terapia Intensiva. *"Quando acordei, constatei que conseguia apenas mexer meus olhos. Nada mais. O fato mais doloroso era que eu tinha consciência das minhas limitações mas não conseguia manifestar nenhum tipo de reação. Apesar das dificuldades, meu maior tesouro estava preservado: minha consciência[5]."*

Desde então, o pioneiro da corrida de aventura brasileiro, como que predestinado à superação constante, enfrenta o seu maior desafio – lutar diariamente para readquirir seus movimentos e reaprender a viver com a ajuda de aparelhos. Quem já o viu competir, sabe a força que este homem demonstra e o quanto inspira àqueles que o cercam.

Em 2008, dez anos depois da primeira EMA, organiza-se o EMA Remake uma prova comemorativa reunindo novamente 33 equipes, com a participação de alguns dos atletas da versão original – para cumprir o mesmo trajeto. Os novos equipamentos e técnicas permitem à equipe vencedora cumprir o mesmo trajeto em pouco menos de 26 horas, cerca de 14 horas a menos que o tempo da campeã da década anterior.

Atletas em diferentes situações de uma corrida de aventura. Ao lado, a largada de uma prova em uma trilha de Pindamonhagaba (SP)

Trekking

Caminhada de longo curso em ambientes naturais, que pode envolver pernoite e os mais diversos tipos de terreno. Exige, assim, o uso de calçados e vestuário adequados, que conferem maior conforto e segurança, e amenizam lesões como calos e bolhas nos pés. Nas corridas de aventura, a exigência física está diretamente relacionada à sua duração e ao relevo e tipo de terreno, o que a torna inapropriada a pessoas sedentárias, sem condicionamento físico mínimo.

A prática do trekking em diferentes terrenos, em sentido horário: na travessia dos Alpes, em praia do litoral gaúcho, em uma corrida no estado de Victoria, Austrália, e em Tucuruí (PA), na expedição Canguçu

Treinamento nas trilhas de Brasópolis (MG); Estudo de mapa à noite, durante Ema Remake 2008; Aportagem em Atibaia, no Adventure Camp 2006; Conferindo a azimute durante prova em São Sebastião (SP); mapa da organização de prova

Orientação

Na corrida de aventura toda a navegação, do ponto de largada à chegada, é feita com o auxílio de mapas e bússolas, sendo proibida o uso de aparelhos eletrônicos como GPS e celulares. As rotas, assim como possíveis atalhos, são pré-definidas por cada equipe no mapa, a partir das coordenadas geográficas que informam onde estão localizados os postos de controle (PC's). Cabe ao navegador de cada equipe decidir pelos caminhos a seguir, a partir da observação do entorno e das estratégias de cada equipe.

Mountain Bike (MTB)

O ciclismo praticado em terrenos naturais, muitas vezes sem percurso definido, compreende, usualmente, os trechos mais longos de uma corrida de aventura. Também pode envolver situações de risco, como descidas íngremes e passagens por solos erosivos e em alta velocidade. Exige, portanto, equipamentos de segurança como luvas e capacete, grande resistência física e força para a pedalada, além de habilidade nas manobras. O conhecimento técnico do veículo é vital, pois são freqüentes as quebras de corrente e pneus furados, que devem ser consertados no local, pela própria equipe.

Travessia de rio, no litoral norte de SP. Em cima, equipe em trilha da Serra da Canastra (MG); e no Caminho do Céu. Ao lado, lama na Serra Gaúcha, durante o Ecomotion Pro 2005.

vivo

Equipe Alaya Bozo D'água, no mundial de rafting 2008, na Bósnia. Acima, equipe Selva durante o Ecomotion Pro 2005. Ao lado, atletas remam em canoa, durante prova em Tucuruí (PA); e atletas no domínio do duck, no Brasil Wild 2005

Canoagem

Envolve o uso de diversas embarcações e técnicas de remo, tanto para a descida de rios como o deslocamento no mar. Canoas, caiaques e *ducks* são as mais usadas. Esta última é mais comum nas competições brasileiras e, por não possuir quilha, exige grande habilidade do remador para controlar o seu direcionamento. Outra modalidade associada é o rafting, praticado em botes de borracha infláveis. Capacete e colete salva-vidas são equipamentos obrigatórios.

O belo cenário do rio Grande, na Serra da Canastra. Abaixo, diferentes embarcações usadas na corrida de aventura.

Rapel de 130 m na caverna Laje Branca, no Petar (SP). Na pág. ao lado, ascensão noturna; cascading em Imperatriz (SC) e tirolesa em Santa Isabel (SP)

Verticais

Compreende diversas técnicas de trabalho com o uso de cordas, como o rapel, o cascading, o jumar e a tirolesa. Nas corridas de aventura esses deslocamentos são realizados em locais de grande beleza cênica como cachoeiras, penedos, cânions e precipícios, possíveis de serem contemplados durante a atividade. A prática exige tanto habilidade na condução das técnicas, quanto conhecimento de equipação, principalmente em relação aos itens de segurança.

TRACK
& FIELD
Caloi
adventure
CAMP
2006

vivo
vivo

O trabalho em equipe

Inicialmente idealizadas para cinco integrantes, as equipes, a partir do Eco-Challenge, passaram a ter quatro membros, como forma de dar mais agilidade aos grupos. Na equipe, na maioria das provas, é obrigatória a presença de um integrante do sexo oposto.

Nas corridas de aventura as equipes não podem se separar em momento algum. Da mesma maneira, nenhum de seus membros pode se distanciar dos demais, sob pena de desclassificação. A exclusão de um, seja por desistência ou acidente, ocasiona a exclusão de todos.

No trabalho em grupo o maior desafio é a arte do relacionamento. É nas adversidades e nos momentos de decisão que os diferentes temperamentos e visões de mundo se confrontam e se expõem, revelando as virtudes e os defeitos de cada um. Das diferenças entre o mais forte e o mais fraco, o mais lento e o mais rápido, o racional e o emotivo, – o homem e a mulher –, dependem a harmonia da equipe e o espírito de união, que, para alcançar os objetivos da prova, negociam seu permanente equilíbrio – progredir rápido, gastando o mínimo de energia. O princípio básico é o de ajudar e ser ajudado. O mais comum é surgirem conflitos por descanso e comida, resultando, em alguns casos, no fim da equipe, quando esta não é baseada em sólidas amizades.

Equipe reunida para prova em Ilhabela, do Adventure Camp. Ao lado, a vibração da vitória coletiva; e a união contra o frio e a lama durante o Ecomotion na Serra Gaúcha

A escolha acertada dos companheiros é, portanto, a primeira condição para o sucesso do grupo. As diferentes exigências e obstáculos que a corrida de aventura impõe mostram que não bastam apenas os que pedalam mais forte ou os que andam mais depressa. Capacidade de observação, liderança, pensamento claro e estratégico, resistência psicológica e conhecimento técnico são qualidades que, aliadas ao bom humor nos momentos difíceis, sobrepõem-se ao ótimo condicionamento físico e permitem que pessoas de qualquer idade se tornem competidores respeitados.

Para o neozelandês Jonh Howard, considerado o maior corredor de aventura de todos os tempos, o importante é pertencer a uma equipe com pessoas comedidas, dispostas a melhorar sua eficiência a partir do aperfeiçoamento das habilidades técnicas[7].

Em cada time, dois integrantes têm papéis definidos: o capitão, que responde perante a organização e assume a postura de líder, ainda que muitas vezes não apresente o perfil para tanto; e o navegador, responsável pela orientação, embora esta possa ser feita por todos. Em algumas provas, equipes de apoio somam-se ao grupo com a função de dar suporte aos competidores com seus equipamentos e alimentação.

Tal qual uma sessão de psicoterapia ao ar livre, uma corrida de aventura pode proporcionar um mergulho profundo no autoconhecimento entre aqueles que se predispõem a uma observação mais apurada das próprias ações e sentimentos.

Por sua eficiência em por competências à prova – comunicação, perseverança, relacionamento em grupo, a capacidade de fazer e receber críticas, comprometimento com a causa etc., e trazer resultados concretos –, a corrida de aventura cresce como ferramenta de treinamento corporativo. Erros e deficiências, quando ponderados, podem se transformar em valiosos aprendizados para uma organização.

Corredores de aventura à beira do cânion do Itaimbezinho, no Parque Nacional de Aparados da Serra (RS). Ao lado, atletas remam em águas tranqüilas de Paraty (RJ)

O esforço do atleta durante o Nissa X-Terra, em Ilhabela (SP). Acima, fim da trilha para as bikes, no Brasil Wild na Serra da Canastra (MG).

Rafting no Rio das Contas, em Itacaré (BA); no alto, a travessia de rio em Tucuruí (PA); no meio, atletas em etapa de canoagem durante competição, em Torres (RS)

Largada de prova em Ubatuba (SP). Ao lado, pausa na pedalada em trilha de São Pedro (SP). Abaixo, a transição dos atletas para a etapa de canoagem, em Atibaia (SP)

O limite é a mente

Andar por horas pela mata, muitas vezes perdido e suportando dores resultantes de bolhas nos pés e assaduras nas virilhas; pedalar por centenas de quilômetros na lama ou em subidas íngremes, até sentir os músculos se contraírem em câimbras; enfrentar o frio das águas de um rio na madrugada batendo os queixos; respirar fundo e não se deixar levar pela vertigem ao descer de um penhasco centenas de metros por uma corda. Estas são algumas das situações extremas de desconforto e esforço físico vivenciadas em regiões inóspitas e encaradas pelos participantes como momentos de superação pessoal, lembradas posteriormente com satisfação. Para iniciantes não preparados a experiência pode ser traumática, ocasionando o abandono do esporte. Entre os mais experientes, porém, há o pensamento corrente: "Quanto pior, melhor".

A realização de feitos que parecem ir além da capacidade física costumeira permite, principalmente ao individuo urbano, questionar-se sobre seu real potencial humano. O que é chamado de superação, já poderia estar ao seu alcance, mas adormecido ou subestimado pela acomodação do estado de conforto?

Timothy Noakes, renomado fisiologista da Universidade da Cidade do Cabo, na África do Sul, tornou-se célebre por sua teoria do "Governante Central[8]". Seus estudos propõem a tese que a fadiga física se origina no cérebro e não nos músculos. Assim, a mente conheceria limites pré-estabelecidos para o corpo antes mesmo que este entrasse em ação. Com o instinto natural de preservar a máquina humana, o cérebro boicotaria quaisquer tentativas de aproximação desses limites, enviando sinais de cansaço e desconforto antes de alcançá-los. Mesmo exausto, o corpo conservaria energia suficiente para reações de defesa diante de alguma ameaça repentina.

Na teoria de Noakes, é possível driblar a mente com alta motivação e incentivo psicológico para reprogramar os limites cerebrais, conquistar margens extras de energia e aproximar cada um de seu real potencial de desempenho. A despeito das inovações tecnológicas, isso explicaria, por exemplo, porque, por mais que não haja mudanças fisiológicas entre os atletas nas últimas décadas, a reinterpretação de seus limites os levem a alcançar novos recordes. Da mesma forma, corredores de aventura envolvidos e motivados com a experiência, vivenciam sensações de euforia que os levam a ignorar a dor e prolongar suas ações – em algumas vezes em grau excessivo, o que representa até um risco para a sua própria segurança e saúde.

Uma das considerações a serem feitas pelas gerações futuras de corredores, é o excessivo caráter competitivo e o extremismo, tanto dos eventos quanto dos próprios indivíduos, que terminam por reforçar muito mais o lado esportivo da atividade e menos o seu lado lúdico e da aventura, da descoberta. Destarte, uma boa corrida é exigente com seus participantes, mas também é prazerosa. Há aventura quando as pessoas são surpreendidas, desafiadas a encontrar soluções e a viver situações incríveis, ainda que estressantes, e quando as pessoas se sentem felizes, mesmo exaustas, e não apenas buscam ser as mais rápidas em uma canoa.

Atletas realizam rapel na Chapada Diamantina (BA)

Um caminho de transformação

Em 2001, cria-se o Circuito Adventure Camp com a missão de proporcionar experiências de aventura para o público amador, introduzindo-o na corrida de aventura por meio de eventos de curta duração no Estado de São Paulo, percorrendo cerca de 50 km. As provas são planejadas para permitir que, por mais desafiadoras, todas as equipes possam terminá-las – uma conquista importante e inesquecível para quem a vivencia pela primeira vez.

Na véspera de cada corrida são realizadas clínicas, nas quais os participantes aprendem a usar os equipamentos. Estes eventos chegam a reunir 500 pessoas, entre crianças, adolescentes e adultos – em sua maioria, amadores, praticantes de atividade física na cidade e que buscam na corrida de aventura uma válvula de escape.

Um dos aspectos mais interessantes e benéficos que a corrida de aventura propicia a esse público iniciante, são as oportunidades para a transformação interior; ou seja, a possibilidade de mudança de hábitos cotidianos, como a adoção de estilos de vida mais saudáveis e a maior socialização, com a busca de novos grupos de relacionamento.

Além disso, as experiências da corrida de aventura são inspiradoras para os desafios diários do "mundo real". Para quem se vê dependente do carro, o que significaria, por exemplo, caminhar três quilômetros quando ele está na oficina mecânica, quando se experimentou caminhar 30 na mata?

Ao evoluir para a sociedade tecnológica, o ser humano se tornou dependente em suas necessidades mais básicas: é alimentado, aquecido, transportado para cá e para lá, sem esforços. Ao mesmo tempo em que proporcionam maior conforto, as facilidades da vida moderna também trazem insatisfação e imprimem pequeno valor às coisas simples da vida. De certa maneira, os esportes de natureza permitem um outro olhar sobre a condição do homem e suas possibilidades de superar os limites de viver em centros urbanos com milhões de pessoas correndo para ganhar o seu pão.

Aventureiros

Inspirações para inquietar a vida

"Evitar o perigo não é, a longo prazo, tão seguro quanto se expor ao perigo. A vida é uma aventura ousada ou, então, não é nada."
(Helen Keller)

Uma aventura pode ser planejada, envolver muitos recursos, levar-nos para longe, corresponder ao sonho a realizar. Ou não ser nada disso.

Seis aventureiros, com experiências distintas, motivações, objetivos e habilidades diferentes, apresentam em comum a vontade de explorar e experimentar, o desejo de não viver a vida pré-concebida. Ao se arriscarem a novas aventuras, eles ampliam a consciência sobre si mesmos, e, sem controle sobre o futuro, tratam de enriquecer o presente.

Renato José Sobral Pinto

Fotógrafo amador

Como os antigos negativos de fotografia que povoam seus arquivos, o carioca Renato José Sobral Pinto jamais apagou da memória a paisagem do Alto da Boa Vista, contemplada aos seus quinze anos de idade, que seus 80 anos de vida não permitem esquecer. Encantado com a panorâmica, fez questão de registrá-la com a sua Kodak 6 x 6, cujo filme permitia apenas doze poses. E que sensação maravilhosa ao ver surgir sua primeira imagem revelada. Tornou-se então amante da fotografia e fez da natureza sua grande fonte de inspiração.

O motivo de suas fotos sempre foi o de mostrar as paisagens únicas observadas do alto das grandes montanhas, descortinadas apenas aos corajosos dispostos a transpor obstáculos. Sobral nunca se intimida com as dificuldades para alcançar o topo dos morros.

Ainda jovem, conheceu um grupo de alpinistas a caminho da pedra da Gávea. Levado por eles, em 1946 descobriu e se matriculou no Clube Excursionista Brasileiro, onde aprendeu as técnicas de cordas para escalar as rochas tão desejadas. Franzino, não tinha muita resistência física mas, em compensação, era cheio de vontade. Com seu inseparável bornal a tiracolo, já com uma Rolleiflex ou uma Diax, aprendeu que o melhor era subir devagar sobre as saliências da pedra e descansar, ou mesmo parar, quando se sentia cansado ou com medo, embora este sentimento, na verdade, raramente surgisse. A experiência lhe mostrou que os acidentes são para os imprudentes e que, ao final de todo grande esforço, há sempre uma recompensa.

Sobral em pausa no meio da escalada da Agulhinha do Inhangá, em Copacabana (RJ), 1957

Assim, o fotógrafo montanhista conquistou os pontos de escalada mais tradicionais das serras fluminenses: o Dedo de Deus, a Agulha do Diabo, o Nariz do Frade e a Chaminé Galotti, este no Pão de Açúcar, em centenas de passeios e viagens nos fins de semana da sua juventude, pelos parques de Itatiaia e Serra dos Órgãos, seus preferidos. Friorento, era o único a tirar férias em julho, no Departamento de Estradas e Rodagem (DNER), onde trabalhava, para subir as montanhas no inverno, período seco e de melhor visibilidade para captar as imagens, dormindo em barracas de plástico e sem maiores recursos de conforto.

Nas décadas de 1950 e 1960, na companhia de escaladores famosos e anônimos, registrou os primórdios da modalidade no Brasil e suas curiosas técnicas, como cordas amarradas na cintura, fixação com cabos de aço, “pés-de-galinha”, grampos e até equipamentos como botas “cardadas” e sandálias com solado de corda.

Tornou-se assim, sem planejar, um documentarista, com um acervo de mais de cinco mil imagens que retratam um pedaço da história do montanhismo brasileiro em nuances de cinza, luz e sombras – todas as suas fotos são em preto e branco. Como um artesão da imagem, Sobral sempre gostou mesmo foi de construir sua imagem, medindo lá de cima, com o vento no rosto, a luz e a distância, para depois, ele mesmo, revelar no papel o resultado da sua arte. “Certas nuances só são percebidas no preto e branco. Colorida, é fácil qualquer coisa ficar bonita”, desdenha.

Quando o passar do tempo já não o permitia mais escalar, Sobral continuou a compartilhar o seu olhar por meio de exposições de suas fotos. A primeira foi em 1957. Em 2004, durante a celebração de 65 anos do Parque Nacional da Serra dos Órgãos, foi agraciado pelo Ibama com a medalha "Von Martius", como reconhecimento por sua arte fotográfica e em homenagem a sua dedicação em compartilhar as belezas cênicas do Parque. Da simples vontade de registrar o belo do alto, esse amante da natureza registrou a história.

Escaladores do Clube Excursionista Morro Azul, no cume da Agulha do Diabo, saúdam colegas no Morro São Pedro, na Serra dos Órgãos (RJ), 1960

Toco Lenzi

Cinegrafista

O gosto por expedições do paulistano Toco Lenzi começou ainda garoto, quando ele, aos 15 anos, acompanhou um primo em uma viagem de Kombi até a fronteira com o Mato Grosso, e voltou sozinho, de carona, na boléia de um caminhão. Apenas uma pequena aventura, mas que despertou um desejo imenso. A partir daí ele nunca mais parou.

No colégio, vendeu camisetas aos colegas para ir à Bolívia e ao Peru. Comercializando o que havia trazido, financiou novas viagens, tornando-se assim um viajante-caixeiro... De carona, a pé e de trem, em três meses passou pelo Uruguai, Paraguai, Argentina, Chile, Peru, Equador e Bolívia. Percorreu cem quilômetros no deserto do Atacama e conheceu todo o Brasil. Toco chegou a trabalhar nos Estados Unidos construindo telhados para reunir dinheiro para uma viagem à África. No entanto, gastou tudo por lá mesmo, em uma excursão por 23 estados americanos.

Quando as camisetas e os artigos que trazia se tornaram insuficientes para custear a próxima aventura, Toco passou a ir atrás de patrocinadores. Foi assim que, em outubro de 1990, aos 21 anos, ele embarcou em um navio cargueiro, rumo ao continente africano, com o intuito de pedalar 2.200 quilômetros entre a Nigéria e a Costa do Marfim, até a fronteira com o Mali.

Esta aventura de quatro meses, repleta de experiências e sem qualquer apoio logístico, resultou em um livro?, uma malária e, principalmente, em uma relação profunda de amor com a África, continente ao qual retornaria anos depois.

Já um aventureiro profissional, torna-se cinegrafista e produtor de documentários, o que o leva a expedições do Alasca ao Vietnã, escalando, mergulhando e voando.

Aos 40 anos Toco inicia seu projeto mais ambicioso, em andamento: cruzar o Saara a pé, em oito anos, com o mínimo de recursos e equipamentos, da ponta que encontra o oceano Atlântico, na Mauritânia, ao extremo do mar Mediterrâneo, na Tunísia.

Nas duas primeiras etapas foram percorridos 1.200 quilômetros. Na primeira, de Atar à Nuakchott, na Mauritânia, Toco caminha, sozinho, 530 quilômetros em 28 dias, puxando um riquixá – carrinho menor que o de um sucateiro, em que transporta água, comida e uma placa de energia solar para recarregar as câmeras de filmagem que registram a travessia. Com a experiência de quem já usou todo tipo de transporte, Toco afirma que é apenas caminhando que algumas paisagens podem ser percebidas e alcançadas.

O riquixá, usado na primeira etapa da travessia do Saara, na Mauritânia. Ao lado, mais jovem, em uma de suas excursões pela Bolívia

Cenas da viagem pelo deserto: o solo pedregoso; pausa para descanso; tecnologia à luz solar e máscara para respirar melhor, em meio a areia e falta de umidade

Na segunda etapa, o desafio foi percorrer os 620 km de Atar até Bir Mogrein, na fronteira da Mauritânia com a Argélia, foi feito na companhia de nômades do deserto: um condutor de dromedários e seus animais, um ex-escravo como cozinheiro e um ex-guerrilheiro como guia. A troupe percorre diversos tipos de terreno que compõem o deserto: pedra, areia, sal, montanhas e dunas que atingem 180 metros de altura. Por dias não cruzam com vivalma, apenas moscas, muitas moscas. Durante o dia, a temperatura alcança 400 C e à noite despenca para 100 C negativos. Em todo esse tempo, Toco dorme em barraca; come com os companheiros arroz marroquino, macarrão, sardinha e cabras mortas durante a viagem. Reza com eles todos os dias, mergulhando fundo no islamismo e em seu próprio espiritualismo. Desafeito à própria rotina, é na vivência da realidade e do cotidiano das pessoas e locais que conhece que ele encontra o sentido e o impulso para as suas viagens.

Por não ser muito adepto de leitura, a motivação de Toco Lenzi para suas expedições e aventuras não tem origem em heróis nem procura reproduzir grandes feitos do passado. Sem limites a testar ou causas a defender, não se preocupa com porquês. Como gosta de dizer, segue apenas o desejo íntimo e inquieto que todo ser humano tem: lançar-se ao mundo alguma vez na vida –, desejo que a maioria termina por adiar infinitamente.

A roupa usada em toda a travessia e nunca lavada; campo de sal no Saara e tenda armada em pleno deserto

Vito D'Alessio

Documentarista

Seguindo seu avô, imigrante italiano que em 1927 atravessa o oceano com a família em busca de um novo mundo; e inspirado pelas histórias do primo Francisco, médico do Projeto Rondon no Alto Xingu, Vito, um jovem publicitário paulistano, em 1989, desce o rio Xingu, cruzando parte da floresta amazônica em caiaque. São 1.300 quilômetros rio abaixo, de São José do Xingu a Altamira, em três meses de viagem, na companhia do amigo Renato Dutra.

Para essa aventura, os dois criaram o maior caiaque individual conhecido à época, com 6,5 metros de comprimento. Nele há um compartimento para alimentação e medicamentos, outro para equipamentos fotográficos e placas de energia solar, além de resina sobressalente para pequenos reparos na embarcação.

Preparando-se para a expedição, os dois iniciam aulas de remo na raia da Universidade de São Paulo, e treinamentos de sobrevivência na selva, no Comando de Operações Especiais da Policia Militar de São Paulo, além de buscarem no Instituto Butantan as orientações para os procedimentos no caso de picadas de cobras e outros animais peçonhentos.

A maior preocupação, no entanto, era com os caiaques, o meio de transporte, casa e meio para viver e compreender o rio. Sem muita intimidade com o barco, Vito é orientado pelo canoísta Fabio Paiva, 15 vezes campeão brasileiro, e pelo avô, marinheiro, que deu o nome "Da Vinci" para o caiaque, em homenagem ao conterrâneo Leonardo.

Momento de tensão no resgate do caiaque emborcado. Ao lado, um dos inúmeros trechos de corredeiras do rio Xingu

O companheiro de viagem Renato, se preparando para uma tempestade

As primeiras remadas do "Projeto Xingu", como foi chamada a expedição, começam próximo à fronteira entre os estados do Mato Grosso e Pará, com os caiaques adentrando a floresta pela estrada líquida do rio de águas quentes. Com o lema "prudência e perseverança", o objetivo é deixar-se hipnotizar pela Natureza, e enfrentar os desafios que a região impõe, respeitando os limites de cada um e do próprio ambiente.

Acampados em um banco de areia, passam a primeira noite acordados, enxotando jacarés que teimam em observa-los. Nos dias que se seguem, os riscos se multiplicam, tanto na água, pelas corredeiras, redemoinhos, pedras cortantes, piranhas e temporais, como em terra, devido as formigas e as possibilidades de um encontro com cobras e onças.

Embora a intenção fosse evitar contato com os índios – alguns deles com pouco contato com a sociedade nacional – os aventureiros se deparam com diferentes Nações. Felizmente, para aquelas encontradas no caminho, o feito de remarem pelo rio é uma atitude percebida como bravura, coragem e respeito perante o rio e a mata. Tanto assim que, vinte anos depois, ao voltarem à região para documentarem os Caiapós, Vito e Renato ainda são lembrados, sendo recebidos com surpresa por índios que tinham a certeza de que eles haviam sido engolidos pelas águas ou pelos jacarés do rio Xingu.

Além dos desafios, a aventura proporcionou também muita diversão e encantamento pela beleza das ilhas com praias de areia branca, cachoeiras, céus alaranjados nos fins de tarde, banhos de chuva, e até mesmo a companhia curiosa de um grupo de ariranhas encantadas com os dois caiaques.

Depois de algumas avarias na embarcação e alguns acidentes no percurso, a dupla chegou ao seu destino sã e repleta de emoções, que se alternavam entre a alegria da realização e a tristeza por saber que a experiência vivida é insubstituível, jamais volta da mesma maneira.

"Ao contrário do que se pensa, viajar não é uma pausa no dia-a-dia, nem uma experiência paralela à vida. Quando se consegue viajar por inteiro, a viagem tem mais vida do que a própria vida."

Flávio Oliveira Ribeiro da Fonseca

Pesquisador

Quando um cientista realiza um trabalho de campo, muitas de suas atividades podem ser consideradas verdadeiras aventuras, mesmo quando seu objetivo é apenas coletar minúsculos ácaros, como no caso do Dr. Flávio.

Descobridor de diversas espécies de animais, e homenageado com uma serpente que leva o seu nome, esse pesquisador nascido em 1900, desde cedo se interessa pelas coisas do mato e da caça, dos quais obtinha o material para estudo. Entre suas diversas atividades estão a de membro-fundador da Fundação Zoológico de São Paulo e diretor do Instituto Butantã.

No começo do século XX, a coleta de material biológico para pesquisa quase sempre significava abater o animal para posterior estudo em laboratório. Isso porque naquela época não existiam dardos tranqüilizantes que permitem ao cientista realizar a sua pesquisa ou coletar material no próprio ambiente, mantendo o animal vivo.

A partir de uma de suas expedições pela floresta, o pesquisador publicou um relato de uma aventura, com o nome "Surpresas de uma caçada de....Micróbios", feito para a Revista Caça e Pesca, no ano de 1941.

O fato ocorreu em 1937, quando Dr. Flávio fora convidado para estudar o comportamento dos animais silvestres em relação ao vírus da febre amarela, em uma região próxima à cidade de São Paulo, o Horto Florestal da Cantareira.

Flávio próximo ao acampamento no Ribeirão do Ouro, em Brusque (SC), 1950. No detalhe, *Bothrops fonsecai*, a cobra Urutu ou Cotiara-estrela em homenagem ao pesquisador

"Deste 'sertão' encostado à cidade interessava-me sobretudo obter exemplares vivos do "bugio" ou "guariba", o macaco roncador do gênero Alouatta...." comenta Dr. Flávio.

Em certos trechos, ele nos relata algumas das dificuldades enfrentadas pelos "armadilheiros" na coleta dos animais:

"...a dificuldade de construir na mata distante armadilhas resistentes e em grande número e a necessidade de inspecioná-las diariamente, para evitar a morte dos animais, o que obriga a penosas e longas caminhadas, o instinto desconfiado da caça arisca, que só à custa de muito ardil e astúcia se deixa apanhar..."

Para manter o ritmo de trabalho nas pesquisas realizadas no laboratório, resolveu ajudar na vistoria das "armadilhas" de campo, instaladas para a captura dos animais. Com alguns homens, foi especificamente verificar uma outra isca feita para os catetos (porcos do mato) que já estavam a freqüentar o local. E nos detalha a surpresa ao se deparar com uma onça:

"Em dado momento, levantando os olhos em direção ao milho da ceva, que vejo? Um belíssimo felino pardo, que se aproxima sem ruído pela direita, apresentando-me o flanco sem suspeitar da minha presença. Vejo pela estreita abertura da espera e parece-me enorme. Mas o que fazer? Atirar a 20 metros com chumbo fino de calibre ridículo? Não tinha o menor interesse em ferir um animal que tinha a certeza de não poder matar."

Essa onça continua sua caminhada passando pela armadilha. Nem bem o pesquisador se refazia da emoção, outra onça aparece bem mais próxima, a menos de oito metros de distância. Uma situação inesperada, por estar naquele momento com a arma inapropriada, em uma situação de extremo risco e perigo, como relatou, em estilo tão característico da época:

"O animal sentado, fazia ligeira toalette lambendo um dos flancos. Tomo da arma e a enfio pela pequena janela da espera, roçando de leve por uma folha seca do tapume. Foi o bastante. O acurado ouvido da onça percebe o ruído e o localiza prontamente, encarando a arma já engatilhada. Visando a testa comprimo o gatilho e... oh, Decepção! O cartucho falha.

Este momento crítico não durou mais de uma fração de segundo: o cano esquerdo secunda e desta vez, com sorte, pois o tiro embora fraco, sempre se resolve a partir. Ao soar a detonação, no entanto, o animal da um salto e sai do meu campo visual.

A quinze metros de distância para a esquerda do ponto em que fora atirada, estava a parda, deitada como um cão em repouso, com a cabeça sobre as patas dianteiras.

Começava a onça então a dar mostras de agitação, passando as patas pelo focinho e deitando-se de lado, sem, entretanto, denotar intenção de fugir. Passados cerca de vinte minutos, ouvi os passos do Navas (auxiliar de trabalho), a quem gritei fizesse um rodeio para chegar à espera.

De novo com minha 16 nas mãos e uma ideal no cano direito, dirigimo-nos pra um ponto de onde divisássemos com clareza o animal ferido.

Para não danificar o couro, atirei no peito, exatamente na linha mediana. Ao perceber a bala, o animal ainda fez um último movimento de defesa, tentando um arranco em nossa direção. Um segundo tiro, a chumbo, prostrou-o."

E termina com a seguinte frase: *"Para finalizar este já longo relato de tão pequena aventura, afirmo depois da situação em que me encontrei, preferiria a "rata" de atirar em um micróbio com "Paula Souza" (cartucho para arma de grande calibre) a ter de usar chumbo microscópico para matar onças."*

Na pág. ao lado, acampamento da Transcontinental Brasil-Peru, 1925. Ao lado, Puma caçado no Horto Florestal, na Serra da Cantareira (SP), 1937

O rio Jaguareguava, em Bertioga (SP). Ao lado, Palê na busca da melhor imagem

Palê Zuppani

Fotógrafo profissional

Enquanto a maioria dos garotos que vivem no litoral dirigem seus olhos ao mar, Palê Zuppani, desde pequeno, mira a Mata Atlântica. Ainda adolescente, torna-se guia de ecoturismo em Bertioga para desbravar as trilhas da Serra do Mar. Ansioso por novas estradas, que o levem para mais longe, vê num programa de intercâmbio a primeira oportunidade para conhecer outros países, e embarca para os Estados Unidos, onde terminará o colegial. Ao voltar, para cursar a faculdade de Relações Internacionais, passa parte do período de aulas no Pantanal, fotografando. Por causa do pai, máquinas fotográficas eram comuns em casa, tanto quanto um telefone ou um rádio. Assim, Palê herdou o gosto pela fotografia:

"A vida e o nosso planeta nos presenteiam com infinitos momentos únicos de belezas explícitas e ocultas e rodeados por esses presentes, nos tornamos 'caçadores de imagens'. Imagens reais, mas apresentadas de forma subjetiva pela arte da fotografia, que buscam revelar algumas possíveis visões do que podemos ter da nossa vivência nesse ambiente perfeito do qual fazemos parte."

A fotografia, mais do que uma escolha profissional, foi uma opção de vida, voltada sobretudo para o envolvimento com a natureza. Com a mochila às costas, Palê sai pelo país afora, sem rumo, com apenas duas coisas na cabeça: viajar e fotografar.

"Com a máquina em mãos, vamos para a janela de casa, para a praça da cidade, praia, metrópole, paisagem rural, para as florestas e ecossistemas silvestres. Amigos a todo o momento indicam onde e quando podemos fotografar. Tudo isso com respeito à cultura de cada lugar e minimizando impactos ao ambiente."

De Bertioga, no litoral de São Paulo, o jovem fotógrafo segue para Minas Gerais. De uma pequena aclimatação em Itutinga, no sul do estado mineiro, ele embarca em uma viagem de trem de quinze horas entre Belo Horizonte e Vitória, no Espírito Santo. Após um mês escarafunchando cantinhos e pedras em terras capixabas, o viajante continua seu caminho até Aracaju, como um protagonista de filmes de estrada. Caronas com caminhoneiros, noites dormidas em postos de gasolina, uma rede e muita estrada e, pelo caminho, paradas em parques nacionais, praias desertas, escaladas em pedras, além dos amigos inesperados e inesquecíveis, feitos em encontros "de passagem".

A ducha gelada de duas garotas, durante rapel em Itutinga (MG). Ao lado, o encontro inesperado com as onças em Barão do Melgaço, no Pantanal

Do litoral, ruma para o interior, cruzando o serão nordestino: Chapada Diamantina, na Bahia, Pernambuco, Ceará e Piauí. Em mais de dois meses pelas terras áridas da Caatinga, quase sem água, sem eletricidade e mesmo sem comida, Palê descobriu que a secura que racha o barro e mingua açudes não atinge a alma da gente que vive por lá. Ao contrário, vê felicidade e vigor em um povo que não reclama de sua sorte: a vida pode ser sofrida, sem ser pesada.

Mas a travessia tão dura teve sua recompensa no Delta do Parnaíba, entre o Piauí e o Maranhão – vinte dias de mangue, chuvas, sol, dunas, muriçocas, serpentes e 17 bichos geográficos no pé de uma vez só, experimentados com a leveza de uma vida em liberdade.

Em cada dia, novas imagens são impressas em filme, píxels e memória, como a da onça e seus filhotes sobre a árvore, a quatro metros de distância; ou a dos filhotes de coruja no ninho, registrados de pertinho na descida de um paredão. Em cada situação, a possibilidade do imprevisto, seja na proximidade de cachoeiras, no vôo razante de gaivotas, no surgimento de serpentes. O medo não chega a aparecer, mas o respeito é companhia permanente.

Dezoito meses depois de partir de Bertioga, Palê chega ao seu ponto final, em São Luiz do Maranhão, onde se embala com muito reggae, antes de voltar para casa.

De volta, a mente não se desacostuma com as distâncias, com as estradas, com a liberdade. Palê não consegue mais estar muito tempo no mesmo lugar. *"Ao buscar sempre a beleza e as sensações que cada lugar pode nos presentear, pretendemos sensibilizar o ser humano para a grandiosidade que é o amor pela vida."*

No paredão rochoso em Itutinga (MG), a descoberta de um ninho de corujas

Julio Fiadi

Empresário

O velejador, mergulhador, piloto de avião e fotógrafo Julio Fiadi pode se orgulhar de ser o único brasileiro a dar sete voltas ao mundo no sentido horário e outras sete no anti-horário: algo fácil de ser feito quando se está sobre o eixo imaginário da Terra, o ponto de encontro de todos os meridianos, no Pólo Norte Geográfico, como era seu caso. Chegar lá, ao lugar em que o sol gira praticamente na mesma altura o dia inteiro, por seis meses sem se pôr, no entanto, foi mais difícil. O feito exigiu uma difícil caminhada pelo Ártico, puxando trenós, esquiando sobre a neve e acampando no gelo, com sensações térmicas que ultrapassavam os 50 graus negativos, o que não permite qualquer descuido com o aquecimento do corpo.

O preparo foi árduo. Por isso, antes de viajar, Julio realizou exercícios físicos simulados para acostumar o corpo ao peso do trenó que leva ao longo de cada jornada.

Após a conquista, já no helicóptero russo que levaria o grupo de volta, Julio escuta sobre um novo grupo que iria para a Antártida, no extremo oposto, como tanto sonhara, desde as primeiras leituras dos grandes exploradores do inicio do século XX. Foi nos feitos de Nansen, Amundsen e Shackleton que ele encontrou a inspiração para realizar suas próprias aventuras. Alguns meses depois da conquista ao Pólo Norte, rumaria para uma expedição que reproduziria a rota de um de seus heróis.

Ernest Shackleton era um anglo-irlandês que naufragou com o navio Endurance, esmagado pelo gelo do mar de Weddell, num dos canais de acesso à Antártida. Entre 1914 e 1916, lutou pela própria sobrevivência e a da sua tripulação comendo focas, pingüins e até os cães que puxavam seus trenós. Depois de atravessar as montanhas e geleiras pelo interior da ilha Geórgia do Sul, Shackleton conseguiu ajuda em uma estação baleeira e voltou para resgatar os 22 homens que ficaram para trás. Na companhia de exploradores experientes, Julio Fiadi refez o mesmo caminho, enfrentando o risco de cair em fendas e abismos escondidos sob a neve.

Fazendo novos amigos, entre os moradores locais da Antártida

Tarefa cumprida, o próximo passo e destino final era o Pólo Sul. Antes, porém, de cada aventura bem-sucedida, cada experiência vivida, a preparação e o conhecimento técnico de Julio deixam claro como é importante o planejamento. Rico nos detalhes, ele deve ser capaz de "prever o imprevisto", para que tudo aconteça sem erros e nenhum percalço.

Além de todos os equipamentos necessários, como a confecção por ele próprio de um trenó em fibra de carbono hermeticamente fechado, como uma cápsula, para suas expedições solo, a alimentação antes e durante a expedição é fundamental. Com as baixíssimas temperaturas, o corpo precisa manter reservas de energia para garantir a proteção e o aquecimento do corpo. Assim, Julio ganha peso e gordura para suportar o gasto de até dez mil calorias por dia, três vezes mais que uma pessoa em atividades normais.

Foi puxando pneus pela cintura em São Paulo que ele se preparou para o feito, em uma expedição em que dez pessoas partiram, mas apenas oito venceram os cerca de 120 km sobre o gelo, puxando trenós e suportando um frio extremo, a ponto da própria umidade da respiração congelar sob as narinas.

O esgotamento físico e o congelamento dos dedos das mãos fizeram com que dois ficassem para trás, sendo resgatados no caminho. Driblando todas as dificuldades, o grupo restante e Julio, que teve congelamento parcial do nariz, conseguiram chegar à bola de prata, o marco oficial do Pólo Sul.

Em seu livro "Rumo aos Pólos", ele reflete sobre seu ímpeto de se lançar ao mundo. *"Com uma vida tão curta como a nossa, e com tanta coisa no mundo para ser vista, ficar trancado em lugar é um dos piores castigos que um homem pode receber."*

Depois de passar pelas mais adversas situações, para ele, no entanto, o maior retorno pessoal não está nos grandes feitos de resistência e coragem, mas na conquista de novos e inseparáveis amigos, a grande satisfação e o prazer encontrado nas aventuras.

A chegada à esfera de prata, marco do Pólo Sul. Ao lado, acima, a mesma observação que os homens de Shackleton tiveram do alto do Mont Duse, em 1914. Embaixo, a caminhada sobre o oceano congelado, no Pólo Norte

Bibliografia e notas do Autor

Capítulo 1 – Aventura de Viver

1. PERROTTET, T. Pagan Holiday: on the trail of ancient Roman tourists. New York, 2002. <www.tonyperrottet.com/paganholiday>
2. HOLLANDA, Sérgio Buarque de. Visão do Paraíso. São Paulo: DIFEL, 1958.
3. LEMOS, Carlos A. C. Alvenaria Burguesa. São Paulo: Nobel, 1985.

Capítulo 2 - Índios

1. MUSEU DO ÍNDIO. Os povos indígenas e suas relações com a natureza. <www.museudoindio.org.br/template_01/default.asp?ID_S=33&ID_M=113> Acesso em 20 set 2008.

2 e 7. FUNDAÇÃO NACIONAL DO ÍNDIO. Modalidades dos VI Jogos dos Povos Indígenas. <http://www.funai.gov.br/indios/jogos/novas_modalidades.htm#005> Acesso em 20 set 2008.

3. GISMONTI, Egberto. Projeto Caiapó Metiture. São Paulo: Dialeto Latin América Documentary, 2003

4. MUSEU DO ÍNDIO. Rituais Indígenas. <www.museudoindio.org.br/template_01/default.asp?ID_S=33&ID_M=113> Acesso em 20 set 2008.

5. FUNDAÇÃO NACIONAL DO ÍNDIO. Jogos dos Povos Indígenas. <www.funai.gov.br/indios/jogos/jogos_indigenas.htm> Acesso em 15 set 2008.

6. idem

8. FUNDAÇÃO NACIONAL DO ÍNDIO. Curiosidades dos Jogos. <www.funai.gov.br/indios/jogos/curiosidades.htm> Acesso em 15 set 2008.

9. idem

D'ALLÉSSIO, Vito. Projeto Caiapó Metutire: Reserva indígena Capoto-Jarina. São Paulo: Dialeto, Ano.

INSTITUTO DAS TRADIÇÕES INDÍGENAS. <www.ideti.org.br> Acesso em 10 out 2008.

Capítulo 3 - Ecoturismo

1. MENDONÇA, Rita; NEIMAN, Zysman (org). Ecoturismo no Brasil, Barueri, SP: Manole, 2005
2. BRAINRESERVE. <www.faithpopcorn.com> Acesso em 15 out 2008.
3. POPCORN, Faith. Entrevista à Revista Veja. São Paulo, 13 fev 2002.
4. CAMPING CLUBE DO BRASIL. www.campingclube.com.br Acesso em 10 out 2008
5. UNIÃO DOS ESCOTEIROS DO BRASIL. História e chegada ao Brasil. <www.escoteiros.org> Acesso em 10 out 2008.
6. GRUPO ESCOTEIRO DO AR SALGADO FILHO. A Lei Escoteira. <www.salgadofilho9df.com.br/index.php?option=com_content&task=view&id=72&Itemid=131> Acesso em 10 out 2008
7. OUTWARD BOUND. <www.obb.org.br/OBB/default.asp> Acesso em 10 out 2008.
8. SHARING NATURE FOUNDATION. <www.sharingnature.com> Acesso em 16 nov 2008.
9. INSTITUTO ROMÃ. <www.institutoroma.org.br> Acesso em 16 nov 2008.
10. MENDONÇA, Rita; NEIMAN, Zysman (org). Ecoturismo no Brasil, Barueri, SP: Manole, 2005
11. Agenda 21 - Agenda para o Século XXI, o documento final da Conferência das Nações Unidas para o Meio Ambiente e o Desenvolvimento (CNUMAD), pelo qual os países signatários se comprometem a adotar uma série de diretrizes para o desenvolvimento social e ambiental.

Bibliografia e notas do Autor

12. FREEWAY BRASIL. A Freeway cria o ecoturismo no Brasil. <www.freeway.tur.br/editor/web/verpagina.asp?cod=157&codm=0&lang=> Acesso em 2 set 2008.

13. MEIRELLES FILHO, João. O equilíbrio entre a atividade econômica e a sustentabilidade socioambiental. Ecoturismo no Brasil, Barueri, SP: Manole, 2005.

14. PEGA LEVE. Mínimo impacto em ambientes naturais. <www.pegaleve.org.br> Acesso em 2 set 2008.

15. DALE, Paul. Definindo ecoturismo. Para que? Para quem?. Ecoturismo no Brasil, Barueri, SP: Manole, 2005.

16. RABINOVICI, Andréa; LAVINI, Carolina. ONGs: Ecos de um turismo sustentável. Ecoturismo no Brasil. Cidade: Editora, 2000.

17. IEB - Instituto de Ecoturismo do Brasil: organização criada em 1996 e que reuniu o setor por quase uma década.

18. MENDONÇA, Rita; NEIMAN, Zysman (org). Ecoturismo no Brasil, Barueri, SP: Manole, 2005

Capítulo 4 – Aventura Sustentável

TRAVASSOS, E. G. A prática da educação ambiental nas escolas. Porto Alegre: Mediação, 2004.

Capítulo 5 – Equipamentos

ABOUT.COM. A history of mountain biking. < mountainbike.about.com/od/mountainbikehistory/ss/MTB_history_2.htm> Acesso em 20 ago 2008.

ALEXANDER, Caroline. Endurance: A lendária expedição de Shackleton à Antártida. São Paulo: Companhia das Letras, 1999.

CENTRO EXCURCIONISTA GUANABARA. Boletim de maio 2000. <www.guanabara.org.br/bol_antigos/maio2000.htm> Acesso em 1113 ago 2008.

CHESAK, Chris. Introduction to Mountaineering. GreatOutdoors.com. <www.greatoutdoors.com/published/introduction-to-mountaineering> Acesso em 15 ago 2008.

DISCOVERY BRASIL. O alpinismo. <www.discoverybrasil.com/topo_do_everest/index.shtml> Acesso em: 10 ago 2008.

GORETEX. <www.goretex.com> Acesso em 7 ago 2008.

INNOVATION FOR EXTREMES. About Us. <www.innovation-for-extremes.org/about_us.html> Acesso em 13 ago 2008.

McNAMEE, Gregory. Remembering Mount Everest: Scalling the Greatest Peak. Encyclopedia Brittanica (Blog). <www.britannica.com/blogs/2007/05/mount-everest-scaling-the-worlds-greatest-peak> Acesso em 10 ago 2008.

MTBONLINE. Brief history of moutain biking technology. <www.mtbonline.co.za/info/mountainbikebuyersguide2.htm> Acesso em 18 ago 2008.

NOZICA. <www.nozica.com> Acesso em 5 ago 2008.

OREGON PHOTOS. The Backpacking Revolution, Gear Pioneers 1945 to the Present. <www.oregonphotos.com/Backpacking-Revolution1.html> Acesso em 13 ago 2008.

REZENDE, Mirabel C; BOTELHO, Edison C. O uso de compósitos estruturais na indústria aeroespacial. Polímeros: Ciência e Tecnologia, vol.10, n.2. Disponível em: <www.scielo.br/pdf/po/v10n2/3106.pdf> Acesso em 13 ago 2008.

VIEIRA, Piti. 20 anos de MTB no Brasil. Go Outside. São Paulo, n.27, p.64-77, ago 2007

Créditos gerais

A Cultura da Aventura na Natureza
2008, Ministério da Cultura

Presidente da República
Luiz Inácio Lula da Silva

Ministro da Cultura
João Luiz Silva Ferreira

Patrocínio
Banco Paulista
Socopa Corretora
Socicam

Organizadores
Flavio Lessa da Fonseca
Sérgio Zolino de Sá

Autores
Fernanda Franco
Flavio Lessa da Fonseca
João Meirelles
João Manoel Bezerra de Meneses
Sérgio Zolino de Sá

Realização
Instituto Peabiru

Edição
Rodrigo Gerhardt

Revisão
Marlene Suano

Design
Forminform/Débora Nascimento

Consultoria de Projeto
Marcio de Almeida Prado/Vitae Consultoria

Assistente operacional
Jair Pires

Créditos fotos

Ana Paula Brasil
Pág. 187 em cima dir

André Campos
Pág. 115

Angélica Del Nery/ Instituto Romã
Págs. 87; 88, em cima; 89

Arquivo Camp
Págs. 170; 194

Arquivo EMA
Pág. 171, embaixo, dir.

Arquivo XTerra Ativo
Pág. 192, embaixo

B.Hacker
Págs. 163

Ben Stoks Berry
Pág. 105, foto peq. embaixo

Bernardo Rodrigues
Pág. 187, embaixo

Carlos Olympio Lessa da Fonseca
Págs. 217; 218 (arquivo pessoal)

Carlos Zait
Págs. 106; 186; 187, em cima esq.

Christian Fucks
Pág. 35

Dadá Moreira
Pág. 100 (arquivo pessoal)

Daniel Munduruku/ Instituto Munduruku
Págs. 56; 57; 61; 64; 66; 67

David Santos Júnior
Págs. 35; 74; 126; 143; 165; 169; 171; 176, embaixo; 177, em cima; 180, em cima; 181; 182, em cima; 183; 184; 185; 188, embaixo; 191; 192, em cima; 193; 196

Du Zuppani
Págs. 220; 222, embaixo; 223, embaixo; 224; 225, embaixo

Edgar Werblovsky
Pág. 96 (arquivo pessoal)

Eliseu Frechou
Págs. 72; 73

Eva Prado
Pág. 195

Fábio Andrade/F11
Pág. 180, embaixo

Felipe Gambá
Pág. 92

Fernanda Lupo/ Photoverde.com
Págs. 28; 46; 93

Fernando Boccato
Pág. 37, em cima

Flavio Lessa da Fonseca
Pág: 88, embaixo

Francisco Perez
Pág. 128, em cima

Giuseppe Puorto
Pág. 217, detalhe cobra

Guilherme Rocha Dias
Pág. 129

Gustavo Freitas
Págs. 41; 43

Jean Claude Razel (arquivo pessoal)
Págs. 164; 167

João Meirelles Filho
Págs. 71; 78; 102

Jose Manuel Jimenez Rios
Pág. 139

José Roberto Pupo
Pág. 123

Julio Fiadi
Págs. 135; 136; 144; 226 (arquivo pessoal); 228; 229 (arquivo pessoal)

Keen Adventure Race/ Divulgação
Págs: 174; 177, embaixo

Kelly Peres
Págs. 52; 54; 58; 59; 62; 65; 84; 108; 149, em cima

Kriz Knack/ Instituto Ecofuturo
Págs. 116; 118; 127; 128 embaixo

Márcio Bortolusso/ Photoverde.com
Págs. 24; 34; 44; 80; 83; 85; 97; 98; 99; 103; 104; 121; 133; 138; 140; 141; 142; 146; 148; 150; 151; 156; 166; 168; 175, em cima; 178, em cima

Márcio Gaziro
Págs. 38; 39

Michele Roth
Pág. 76

Palê Zuppani
Págs. 79; 90; 221; 222, em cima; 223, em cima; 225, em cima

Pedro Oliva
Págs. 36; 94 (com Daniel Marvado); 107; 173; 182

Renato Dutra
Pág. 213

Renato José Sobral Pinto
Págs. 22; 25; 148, embaixo; 201 (arquivo pessoal); 202; 203; 204

Roseli Rocha
Pág. 178, inferior dir.

Sammy W
Pág. 137

Sérgio Zolino
Págs. 45, em cima; 154; 179, em baixo; 188, em cima

Stella Maria Fonseca Barison
Pág. 219 (arquivo pessoal)

Studio Leco
Págs. 49; 103; 153; 158; 172; 179, em cima; 189; 190

Stock.xchng
Págs. 33; 102

Theo Ribeiro
Pág. 101;

Toco Lenzi
Págs. 26; 27; 45, embaixo; 134; 206 (arquivo pessoal); 207 (arquivo pessoal); 208; 210; 211

Victor W. Pucci
Pág. 77

Vito D'Aléssio
Págs. 212 (arquivo pessoal); 214

Walter Alemão
Pág. 105, peq.superiores e maior

organizadores

Flavio Lessa da Fonseca

Paulista, pós-graduado em Educação Ambiental pelo Senac do Rio de Janeiro, Flavio iniciou sua carreira no ambientalismo em 1994, como guia e operador de turismo ecológico em Bertioga, cidade no litoral de São Paulo. Tornou-se um especialista em levantar potencialidades e implantar empreendimentos sustentáveis de ecoturismo, em áreas de conservação ambiental. Pela sua experiência, foi professor de pós-graduação no curso Planejamento e Marketing Turístico, do Senac, e professor assistente no curso de Turismo, da Universidade de Ribeirão Preto.

Sua ligação com a aventura iniciou-se na infância, pelas trilhas que circundavam a Represa Guarapiranga, em São Paulo. Há nove anos, começou a se profissionalizar, quando realizou a primeira clínica para a Expedição Mata Atlântica, em 1999, com o ensino das técnicas das modalidades esportivas. Desde então, participa diretamente da organização de eventos na natureza, como o Triatlo Ecológico (Trieco) e corridas de aventura. Nesta obra, busca promover uma reflexão sobre as relações e responsabilidades do homem com a natureza.